D1735474

FERTIGUNGSTECHNIK METALL

WISSENSSPEICHER FÜR DIE BERUFSBILDUNG

FERTIGUNGSTECHNIK METALL

Herausgeber
Werner Kulke

16., bearbeitete Auflage

VEB VERLAG TECHNIK BERLIN

Als berufsbildende Literatur für die Ausbildung von Lehrlingen und Werktätigen zum Facharbeiter für verbindlich erklärt

1. September 1989

Ministerium für Elektrotechnik/Elektronik

Autoren:

Lothar Becker, Dresden,	Abschnitte 4.4.2. bis 4.4.8., 4.4.12., 4.4.13.
Karl-Walter-Finze, Dresden,	Abschnitte 2., 4.1. bis 4.4.1., 4.4.9. bis 4.4.11., 4.4.14. bis 4.4.16., 4.5. bis 4.9.
Rainer Hentschel, Dresden	Abschnitte 3.5. bis 3.8., 6., 7.
Werner Kulke, Dresden	Abschnitt 1.
Volker Rempke, Jena.	Abschnitte 3.1. bis 3.4., 5.

Fertigungstechnik Metall / [Autoren: Lothar Becker ...].
Hrsg. Werner Kulke. – 16., bearb. Aufl. – Berlin: Verl.
Technik, 1989, – 144 S.: 197 Bilder, 39 Taf.
ISBN 3-341-00732-6
NE: Kulke, Werner [Hrsg.]

ISBN 3-341-00732-6

16., bearbeitete Auflage
© VEB Verlag Technik, Berlin, 1989
Lizenz 201 · 370/173/89
Printed in the German Democratic Republic
Schreibsatz: VEB Verlag Technik, Berlin
Offsetrotation: (516) Tribüne Druckerei Berlin
Buchbinderische Verarbeitung: Graphischer Großbetrieb
Interdruck Leipzig
Lektorin: Dipl.-Ing.-Päd. Renate Herhold
Einband: Kurt Beckert
LSV 3452 · VT 5/4773-16
Bestellnummer: 554 118 5
00500

Vorwort

Ein Facharbeiter muß in erster Linie das wissen und können, was er für seine berufliche Arbeit unmittelbar benötigt. Darüber hinaus muß er jedoch über viele Einzelheiten und Zusammenhänge informiert sein, die nur mittelbar seine berufliche Arbeit betreffen; das sind sowohl solche, die seine Arbeit beeinflussen, als auch solche, die Auswirkungen auf die Tätigkeit derjenigen haben, die seine Arbeitsergebnisse nutzen bzw. weiterverarbeiten. Der Wissensspeicher „Fertigungstechnik Metall" bietet nur einen Überblick über die Verfahren der Metallbe- und -verarbeitung vom Urformen bis zum Beschichten. Es wird kein Verfahren so ausführlich dargestellt, wie es der Facharbeiter kennen muß, der dieses Verfahren anwendet; dafür gibt es spezielle Lehrbücher oder Wissensspeicher. Das berufliche Allgemeinwissen der Facharbeiter auf dem Gebiet der Metallbe- und -verarbeitung kann mit Hilfe dieses Wissensspeichers gefestigt und erweitert werden. Der Wissensspeicher „Fertigungstechnik Metall" dient damit vorrangig dem Wiederholen. Darüber hinaus kann und soll er helfen, zuvor den erforderlichen Überblick über die Fertigungsverfahren und -mittel zu gewinnen sowie durch seine Bilder zum Verständnis bei der Stofferarbeitung beizutragen.

Bei der Bearbeitung zur 16. Auflage wurden neue Standards berücksichtigt und einige Texte und Bilder didaktisch verbessert. Der Seitenstand blieb erhalten.

Für kritische Hinweise und für Anregungen, die uns helfen, den Wissensspeicher weiter zu verbessern, sind wir stets dankbar.

Herausgeber und Verlag

Inhaltsverzeichnis

1. Einführung in die Fertigungstechnik

1.1. Begriffserläuterungen

Fertigungstechnik Gesamtheit aller materiell-technischen Elemente, die der Herstellung von Gebrauchswerten im technologischen Prozeß dienen.
Sie ist die Einheit von

- Fertigungseinrichtung
- Fertigungsmittel
- Fertigungshilfsstoff und
- Fertigungsverfahren.

Fertigungseinrichtung Maschine (Werkzeugmaschine) als Einzelmaschine oder als Anlage (z. B. mehrere Maschinen in verketteter Form).

Fertigungsmittel Werkzeuge und/oder Wirkmedien, Vorrichtungen, Prüfmittel.

Fertigungshilfsstoff Dient als Hilfsmittel bei der Durchführung des Fertigungsprozesses (z. B. Kühlmittel, Schmiermittel, Härtemittel).

Fertigungsverfahren Art und Weise des Einwirkens der Werkzeuge auf Werkstücke. Alle Verfahren, mit denen geometrisch bestimmte feste Körper hergestellt, d.h. von einem Rohzustand in einen Fertigzustand durch schrittweises Ändern der geometrischen und stofflichen Eigenschaften übergeführt werden.

> Zweckmäßiger, technisch und ökonomisch begründeter Einsatz von Verfahren unter Beachtung optimaler fertigungsorganisatorischer Kriterien führt zu größerem Wachstumstempo der Arbeitsproduktivität und Senkung der Selbstkosten.

Fertigen Herstellen geometrisch bestimmter fester Körper als technisch nutzbare Gebilde oder andere einteilige und mehrteilige Nutz- und Ziergegenstände (Maschinen, Fahrzeuge, Halbzeuge, Werkzeuge, Apparate, Plastiken, Hausratsgegenstände).

Werkstücke Gegenstände, die bearbeitet werden; Veränderung mit Werkzeugen oder/und Wirkmedien.

Werkzeuge Fertigungsmittel, die bei Relativbewegung gegenüber Werkstück unmittelbar oder/und über Wirkmedien Bildung der Form oder Änderung der Form und Lage bzw. der Stoffeigenschaften bewirken.

Wirkfuge Wird gebildet durch Flächenpaar, sobald sich Werkzeug und Werkstück berühren.

Wirkmedien Formlose feste, flüssige oder gasförmige Stoffe, die mittels entsprechender Energie oder durch chemische Reaktionen Veränderungen am Werkstück hervorrufen.

Wirkpaar Ergibt sich aus Werkzeug, Wirkmedien oder Wirkenergie einerseits und Werkstück andererseits.

Wirkspalt Spalt, in dem zwischen Werkzeug und Werkstück ein Wirkmedium oder eine Wirkenergie wirkt.

11

Vorgänge

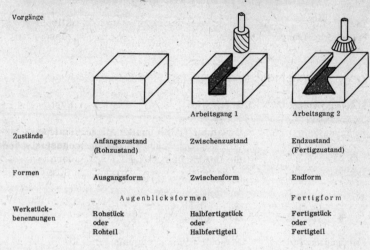

		Arbeitsgang 1	Arbeitsgang 2
Zustände	Anfangszustand (Rohzustand)	Zwischenzustand	Endzustand (Fertigzustand)
Formen	Ausgangsform	Zwischenform	Endform
	Augenblicksformen		Fertigform
Werkstück-benennungen	Rohstück oder Rohteil	Halbfertigstück oder Halbfertigteil	Fertigstück oder Fertigteil

1.2. Stellung der Fertigungstechnik im betrieblichen Reproduktionsprozeß

Phasen des Reproduktionsprozesses

- komplexe Vorbereitung der Produktion,
- Produktion,
- Verbrauch der Erzeugnisse und Leistungen (Konsumtion).

Einzelne Phasen sind überlagert und durch Kopplungs- und Rück-kopplungsvorgänge verbunden.

Tafel 1.2.1. Beziehungen zwischen technologischem Prozeß und technologischer Prozeßvorbereitung

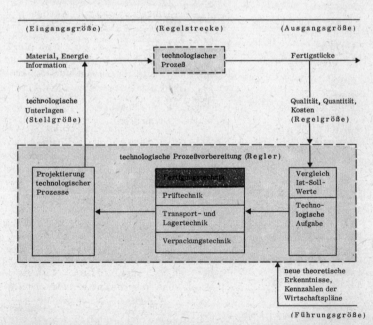

Technologischer Prozeß   Teilprozeß des Produktionsprozesses.

Technologische   Teilprozeß der komplexen Produktionsvorbereitung. Stellt Vor-
Prozeßvorbereitung   planung des technologischen Prozesses dar.

1.3.   Systematik der Fertigungsverfahren

Systematisierungs-   Wesentlicher Gesichtspunkt der Systematik ist der Begriff
gesichtspunkt   Z u s a m m e n h a l t .
    Zusammenhalt bezieht sich auf Teilchen eines festen Körpers und
    die Bestandteile eines zusammengesetzten Körpers.
    F o r m (Formschaffen, Formändern und Formbeibehalten) und
    S t o f f t e i l c h e n bilden weitere Systematisierungsgesichtspunkte.

Tafel 1.3.1. Systematik der Fertigungsverfahren

Systematisierungs-gesichtspunkte \ Fertigungshauptgruppen	1. URFORMEN	2. UMFORMEN	3. TRENNEN	4. FÜGEN	5. BE-SCHICHTEN	6. STOFFEIGENSCHAFT-ÄNDERN	
Zusammenhalt	schaffen	beibehalten	vermindern	vermehren		ver-min-dern	bei-be-halten
Form	schaffen	ändern		beibehalten			
Stoffteilchen					ein-bring-en	aus-son-dern	um-lagern

    Sechs Fertigungshauptgruppen werden in Fertigungsgruppen unter-
    teilt, denen einzelne Fertigungsverfahren zugeordnet sind.

Fertigungs-hauptgruppe	Fertigungsgruppe	Fertigungsverfahren (Beispiele)
Urformen	— aus dem festen Zustand;	Sintern, Pressen von Duroplasten;
	— aus dem flüssigen oder teigigen Zustand;	Gießen, Spritzen von Plasten;
	— aus dem gasförmigen Zustand;	Aufdampfen;
	— aus dem ionisierten Zustand	Herstellen der Galvanoplastik
Umformen	— durch Druckkraft;	Walzen, Schmieden, Fließpressen;
	— durch Zug- und Druckkraft;	Blechziehen, Strangziehen;
	— durch Zugkraft;	Reckziehen;
	— durch Biegekraft;	Biegen;
	— durch Schubkraft	Verwinden

Fortsetzung von Seite 13

Fertigungs-hauptgruppe	Fertigungsgruppe	Fertigungsverfahren (Beispiele)
Trennen	— durch Zerteilen;	Keilschneiden, Scherschneiden, Reißen;
	— durch Spanen;	Bohren, Drehen, Fräsen, Schleifen;
	— durch Abtragen;	Erodieren, Elysieren, Ätzen, Strahlen, Brennschneiden;
	— durch Zerlegen;	Abschrauben, Auspressen;
	— durch Reinigen;	Bürsten, Strahlen, Waschen, Beizen;
	— durch Evakuieren	Evakuieren einer Elektronenröhre
Fügen	— durch Zusammenlegen;	Auflegen, Einlegen, Ineinanderschieben;
	— durch Füllen;	Füllen von Leuchtröhren, Tränken elektrischer Wicklungen;
	— durch An- und Einpressen;	Keilen, Schrauben, Klemmen, Schrumpfen;
	— durch Urformen;	Ausgießen, Umgießen;
	— durch Umformen;	Falzen, Verlappen, Vernieten;
	— durch Stoffverbinden	Schweißen, Löten, Kleben
Beschichten	— aus dem festen Zustand;	Anreiben, elektrophoretisches Abscheiden, Aufschmelzen;
	— aus dem flüssigen oder pastenförmigen Zustand;	Tauchaufbringen, Aufgießen, Aufsprühen, Aufstreichen, Aufschweißen, Spritzen;
	— aus dem gas- oder dampfförmigen Zustand;	Aufdampfen, Abscheiden durch thermische Zersetzung;
	— aus dem ionisierten Zustand des Beschichtungsstoffs	elektrolytisches Abscheiden, elektrolytisches Umwandeln
Stoffeigenschaftändern	— durch Umlagern von Stoffteilchen;	Glühen, Härten, Anlassen, Vergüten;
	— durch Aussondern von Stoffteilchen;	Tempern;
	— durch Einbringen von Stoffteilchen	Nitrieren, Aufkohlen

1.4. Entwicklungstendenzen der Fertigungsverfahren

Fertigungsziel Herstellen des Gegenstandes in der Endform, mit dem geforderten Gebrauchswert, mit einer möglichst geringen Anzahl von Arbeitsstufen bei geringstem Energie- und Materialverbrauch, niedrigen Selbstkosten und geringem Arbeitszeitaufwand unter Einhaltung der geforderten Parameter (z. B. Form, Maß, Oberflächenbeschaffenheit, Stoffeigenschaft).

Tendenzen

Daraus ergibt sich das Bestreben, Verfahren einzusetzen, die mit einem Minimum von Energie und Material, Verfahrensfolgen und Kosten die Endform erreichen.

Urformen

> Hier werden Zwischen- und häufig Endformen erreicht. Daher in der Entwicklung vorrangig.

S i n t e r n ist geeignet für Serien- und Massenfertigung, Werkstoffkombinationen erweitern Werkstoffeigenschaften.
G i e ß e n ermöglicht Konzentration auf solche Verfahren, die Automatisierung oder Teilautomatisierung gestatten und keine oder nur geringe Nachbearbeitung erfordern, z.B. Formmasken-, Modellausschmelz- und Kokillengußverfahren.
S p r i t z e n und P r e s s e n werden für die Verarbeitung der meisten Plaste eingesetzt.

Umformen

> Hier sollen möglichst Endformen oder Zwischenformen mit nur geringen Bearbeitungszugaben erreicht werden. Dies hat besonders auf die Material- und Energieökonomie sowie Arbeitsproduktivität Einfluß.

Hohe Stückzahlen sind die Voraussetzung für den wirtschaftlichen Einsatz von Umformverfahren. Besonders bedeutungsvoll sind Genauschmieden, Gesenkformen, Fließpressen, Tiefziehen.

Trennen

Dazu gehören Verfahren, die im wesentlichen die Endform bestimmen. Beim Zerteilen ist das Genauschneiden besonders für Präzisionsteile geeignet. Beim Spanen stehen die Fein- und Feinstbearbeitung zum Erzielen einer hohen Oberflächengüte im Vordergrund. Dabei sollen Vor- und Fertigbearbeitung möglichst auf einer Maschine bei hoher Präzision erfolgen.

> Durch zunehmende Genauigkeit beim Vorbearbeiten und Senkung der wirtschaftlichen Grenzstückzahlen beim Ur- und Umformen wird die Schwerzerspanung bei der Vorbearbeitung zurückgehen. Es wird Fertigen der Endform aus dem Anlieferungszustand heraus angestrebt (Zweistufentechnologie).

Weiterentwicklung der spanenden Verfahren wird möglich durch:

- bessere Anpassung der Werkzeugmaschine an das Verfahren,
- Weiterentwicklung der Schneidstoffe durch Verbesserung der mechanischen und chemischen Eigenschaften.

Sichere Anwendungsgebiete haben elektroerosives und elektrochemisches A b t r a g e n (ECM) gefunden. Größeren Abtragleistungen des elektrochemischen Bearbeitens bei geringerem Energieaufwand steht größere Abbildungsgenauigkeit des elektroerosiven Abtragens gegenüber.

Fügen

Im wesentlichen Verfahren der Montagetechnologie. Neben lösbarem F o r m - u n d K r a f t s c h l u ß v e r b i n d e n ist S t o f f s c h l u ß v e r b i n d e n, besonders Kleben und Schweißen, entwicklungsfähig. Automatisches Schweißen ist möglich. In der a u t o m a t i s c h e n F ü g e t e c h n i k werden das An- und Einpressen verstärkt eingesetzt.

15

Beschichten	Verfahren der Oberflächenbehandlung. Insbesondere elektrophoretisches Abscheiden, Tauchaufbringen und Aufsprühen zur automatischen Fertigung geeignet.
	Für Elektro- und Feinwerktechnik Aufdampfen und Abscheiden.
Stoffeigenschaftändern	Verfahren, die zur Eigenschaftverbesserung Gefügeveränderungen hervorrufen.
	Traditionelle Verfahren der Wärmebehandlung (Glühen, Härten, Anlassen, Vergüten, Tempern, Nitrieren) werden weiterhin Bedeutung haben. Der Automatisierungsgrad in der Anlagentechnik wird zunehmen.

ERGÄNZUNGEN

Leitwörter	Bemerkungen

2. Urformen

2.1. Definition

Urformen ist Fertigen eines festen Körpers aus formlosem Stoff durch Schaffen eines Zusammenhalts. Hierbei treten die Stoffeigenschaften bestimmbar in Erscheinung.

Formlose Stoffe sind Gase, Flüssigkeiten, Pulver, Fasern, Späne, Granulate u. ä.

2.2. Einteilung

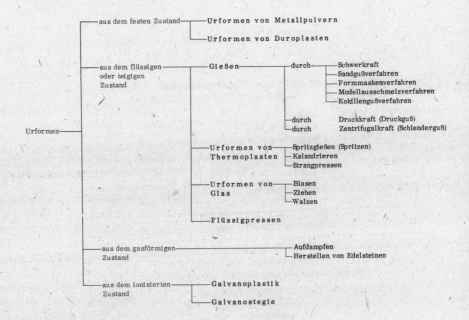

2.3. Urformen aus dem festen Zustand

2.3.1. Definition

Fertigen eines festen Körpers aus festen Stoffteilchen in Formen unter Einwirkung von Druck und Wärme.

Feste Stoffteilchen sind überwiegend Metallpulverkörnchen, außerdem Metallverbindungen und andere feste Werkstoffe in pulvriger Form.

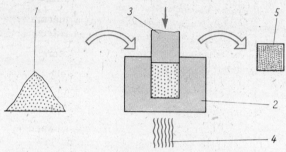

Bild 2.3.1. Urformen aus pulvrigem Stoff
1 Pulver: 2 Preßform; 3 Preßstempel; 4 Heizung; 5 Werkstück

2.3.2. Urformen von Metallpulvern (Sintermetallurgie)

Arbeitsmittel

Aus hochlegiertem Stahl hergestellte Preßformen, zum Teil mit Hartmetall bestückt, bestehen aus Stempeln und Matrizen mit polierter Gravur.

Arbeitsvorgang

Pulver wird beim Pressen verdichtet 200 ··· 1000 MPa. Körnchen werden dabei umgeformt und verhaken sich ineinander. Es entsteht ein Preßling mit geringem Zusammenhalt.
Preßling wird unter Schutzgas oder Vakuum auf 2/3 ··· 3/4 der Schmelztemperatur erwärmt. Durch Diffusionsvorgänge — zum Teil auch Schmelzvorgänge — verbinden sich die Körnchen zu einem festen Körper.

Anwendung

Hauptsächlich für Fertigteile mit komplizierter Form, glatten Oberflächen und kleinen Toleranzen.
Wirtschaftlicher als spanende Herstellung bei großen Stückzahlen, genauer als Gießen und Pressen. Ermöglicht Werkstoffkombinationen, die anders nicht möglich sind. Anwendungsmöglichkeiten vergrößern sich, besonders in der Elektrotechnik, Feinwerktechnik, im Maschinenbau und für spezielle Bereiche (z.B. Reaktorenbau). Im Verlauf der technischen Entwicklung steigender Bedarf an Sinterteilen.
Durch Zusätze beim Pressen, die sich beim Erwärmen verflüchtigen, erhält man porige Teile (z.B. Filter). Tränken poriger Teile ergibt bessere Eigenschaften:
mit Öl — Schmierfähigkeit;
mit Kunstharzen — Isolierfähigkeit;
mit niedrigschmelzenden Metallen — Festigkeit.

Verwendete Werkstoffe	Beispiele für Einsatz
Metalle mit hoher Schmelztemperatur	Spinndüsen, Kontaktteile, im Elektronenröhrenbau
Karbide von Ti, Mo, Ta mit Cr, V (Hartmetalle)	Teile für Umformwerkzeuge, Schneidplättchen für spanende Werkzeuge
Eisen, Stahl	Bauteile für Maschinenbau (Lager, Zahnräder, Kleinteile) und E-Technik (Kerne, Antennen)
Eisen, Nickel, Aluminium	Dauermagnete, besonders für elektrische Geräte
Aluminium, Silizium	Motorenteile
Metall, Graphit	Gleit- und Lagerteile
Metall, Kohle	Schleifkontakte in Motoren, Generatoren und Stromabnehmern
Metallkarbide, -oxide, -boride, Metalle mit hoher Schmelztemperatur	hochwarmfeste Teile für Turbinen und Triebwerke, Schneidkeramik

2.3.3. Urformen von Duroplasten

Arbeitsmittel

Preßformen (Bild 2.3.2). Einfach oder mehrfach teilbare Stahlformen mit poliertem, oft hartverchromtem Innenraum; elektrisch beheizbar. Kerne in Auswerfer- oder Preßrichtung sowie Schieber ermöglichen Hohlräume im Preßling. Schieber werden vor dem Auswerfen des Teiles herausgezogen oder herausgeschraubt. Auswerfer sind Stifte oder Leisten zum Entfernen des Preßlings aus der Form.

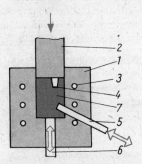

Bild 2.3.2. Preßform für Duroplaste
1 Matrize; 2 Stempel; 3 Heizelement; 4 Kern; 5 Schieber; 6 Auswerfer; 7 Werkstück

Arbeitsvorgang

Plast in Form von Pulver oder Tabletten (chemische Vorstufe)

- erweicht unter Druck und Wärme in der Preßform,
- nimmt die Gestalt des Hohlraums an,
- härtet in der Preßform in dieser Gestalt aus.

19

Anwendung

Infolge hoher Fertigungskosten für die Preßformen nur wirtschaftlich bei großen Stückzahlen. Teile haben kleine Toleranzen, glatte Oberflächen und scharfe Kanten; Innen- und Außengewinde sind möglich. Beim Preßspritzen in besonderen Werkzeugen gratfreie Teile möglich.

B e i s p i e l e : Gehäuse, Verkleidungen, Bedienteile (Schaltknöpfe, Handräder), Behälter, Sockel für elektrische Apparate und Bauteile, Teile für Feingerätetechnik (Zahnräder).

Anwendungsbereich vergrößert sich durch Erreichen besonderer Eigenschaften und Festigkeitswerte infolge Einsatzes von F ü l l - s t o f f e n (Glasfasern, Asbestwolle, Papierschnitzel, Gesteinsmehl u.a.).

2.4. Urformen aus dem flüssigen oder teigigen Zustand

2.4.1. Definition

Herstellen fester Körper aus Schmelzen (z.B. Metall) oder breiigen Gemischen (z.B. keramische Massen) durch Erstarren in Formen.

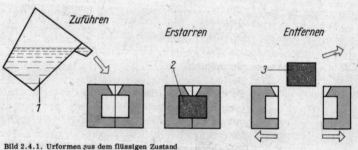

Bild 2.4.1. Urformen aus dem flüssigen Zustand
1 flüssiger Werkstoff; 2 Form oder Formteil; 3 Gußstück

2.4.2. Gießen durch Schwerkraft

2.4.2.1. Sandgußverfahren

Arbeitsmittel

M o d e l l e (Bild 2.4.2 und Arbeitstafeln Metall). Aus Holz, Plast oder Leichtmetall hergestellte, dem Gußteil ähnliche Körper, deren Raummaße um das Schwindmaß (s. Arbeitstafeln Metall) größer sind; dienen zur Herstellung des Gießraums der Form.

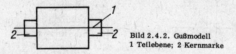

Bild 2.4.2. Gußmodell
1 Teilebene; 2 Kernmarke

K e r n e (Bild 2.4.3). Aus Sand und Bindemitteln (z.B. Zement, Kunstharz) geformte Körper zum Einlegen in die Gießform. Erzeugen Hohlräume im Gußteil.

Bild 2.4.3. Kern

F o r m e n (Bild 2.4.4). Aus tonigem Sand mit Zusätzen bzw. aus keramischen Stoffen (z. B. Schamotte) von Hand (Handformerei) oder mit Maschinen (Maschinenformerei) gefertigt. Hohlraum bestimmt Gestalt des Gußteils.

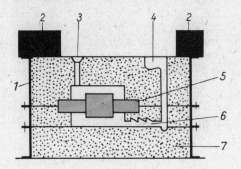

Bild 2.4.4. Abgußfertige Sandgußform
1 Formkasten; 2 Belastungsstücke; 3 Steiger; 4 Einguß; 5 Kern; 6 Schlackenfänger;
7 Formsand

Arbeitsvorgang

In die fertige, mit Belastungsstücken gegen Auftrieb gesicherte Form (Bild 2.4.4) wird aus Kelle oder Pfanne flüssiges Metall gegossen. Werkstoff erstarrt durch Kristallisation. Danach Zerstören der Form und Putzen des Gusses — Abtrennen der Steiger und des Eingusses vom Abgußteil, Zerstören der Kerne, Reinigen der Oberflächen (Bilder 2.4.5, 2.4.6).

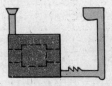

Bild 2.4.5. Abguß

Bild 2.4.6. Gußteil

Anwendung

Für sehr große bis kleine, kompliziert geformte Werkstücke mit mittleren bis großen Toleranzen, rauhen Oberflächen und gerundeten Kanten.

Verwendete Werkstoffe	Beispiele für Einsatz
Gußeisen	Maschinenständer und -betten (bis 300 t), Gehäuse, Gleitlagerkörper, Stützen, Rohrverbinder, Motorblöcke, Radkörper, Bauteile für Feuerungen und Heizungen
Stahl	Radkörper, Pleuelstangen, Gestänge- teile, Behälter, Bauteile für den Maschinenbau
Messing	kleine Gehäuse, Armaturen, Schiffs- und Bootspropeller
Bronze	Lagerteile, Schneckenräder, Ventil- teile, Gehäuse, Glocken
Rotguß	Lagerteile, Armaturen

21

Aluminium-   Teile für Motoren und Maschinen der
legierungen   Nahrungsmittelindustrie, im Schiff-
                          und Leichtbau

> Gießen von stark in sich gegliederten Rohlingen verringert
> den Umfang und Aufwand an spanenden Verfahren bei hoher
> Ausnutzung des Werkstoffs. Ökonomisch auch bei Großteilen.

Mit Entwicklung des Maschinenbaus wächst Bedarf an Gußteilen (besonders GGG). Durch Gruppentechnologie Erhöhung der Arbeitsproduktivität, besonders durch Form- und Gießmaschinen und automatisierte Gießstraßen.

2.4.2.2. . Formmaskenverfahren

Arbeitsmittel

Modelle (Bild 2.4.7). Mehrteilig aus Metall entsprechend der geforderten Form unter Beachtung des Schwindmaßes gefertigt. Auf Unterlagen befestigt und beheizbar.

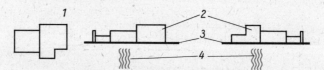

Bild 2.4.7. Modelle für Formmasken
1 Gußteil; 2 Modellhälfte; 3 Grundplatte; 4 Heizung

Formmasken. Gemisch aus feinem Sand und aushärtenden Bindemitteln (z. B. Kunstharz) wird auf Modell geschüttet. Am erwärmten Modell beginnt Aushärtung. Abheben vom Modell in Wanddicken ab 4 mm und Aushärten in Öfen (Bild 2.4.8).

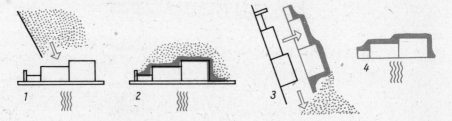

Bild 2.4.8. Herstellen einer Formmaske
1 Aufschütten des Gemisches; 2 Anhärten; 3 Abheben; 4 Brennen

Formen. Mehrere Formmasken werden zusammengeklebt und in Sand eingebettet (Bild 2.4.9). Einlegen von Kernen möglich.

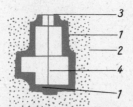

Bild 2.4.9. Abgußfertige Maskenform
1 Formmaske; 2 Sandbett; 3 Einguß;
4 Klebestelle

Arbeitsvorgang	Wie beim Sandgußverfahren, in Ausnahmen Abguß im Vakuum.
Anwendung	Für mittlere und kleine Gußteile mit gering rauhen Oberflächen, mittleren bis kleinen Toleranzen und scharfen Kanten. Teile erfordern nur noch Feinbearbeitung. Für dünnwandige Teile (Motoren- und Getriebegehäuse), Teile mit Kühlrippen, Apparateteile und Werkstücke mit komplizierten Formen (z.B. Zahnräder).

> Wirtschaftlich bei Serien- und Massenfertigung, günstig für Fertigung im Baukastensystem. Maschinelle Fertigung und Teilautomatisierung beim Formen und Gießen möglich.

2.4.2.3. Modellausschmelzverfahren (Wachsausschmelzverfahren)

Arbeitsmittel	Metallformen. Mit hoher Genauigkeit und polierten Innenflächen gefertigt. Modelle. In Metallformen aus Wachs oder Kunstharz gegossen. Entsprechen in Form und Größe unter Beachtung des Schwindmaßes dem geforderten Werkstück. Bei geringen Stückzahlen anders gefertigt.

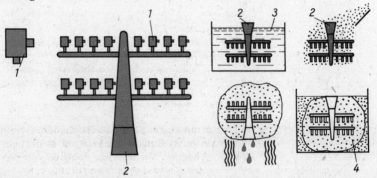

Bild 2.4.10. Herstellen einer Form im Modellausschmelzverfahren
1 Modell; 2 Gießbaum; 3 Schlicker; 4 abgußfertige Form

Gießbaum vereinigt durch Wachs- oder Kunstharzstege eine Anzahl von Modellen (Bild 2.4.10).
Gießform entsteht durch Eintauchen des Gießbaums in breiige keramische Masse (Schlicker) und Bestreuen mit feinem Sand. Trocknen und wiederholen, bis Gießbaum völlig eingeschlossen. Wachs bzw. Kunstharz ausschmelzen. Für hochschmelzende Metalle wird Form noch gebrannt.

Arbeitsvorgang	Wie beim Sandgußverfahren, zum Teil Abguß im Vakuum.
Anwendung	Präzisionsguß. Fertige Bauteile für Feinmechanik, Feinwerktechnik und Apparatebau. Möglich sind kompliziert geformte Teile bis 1 kg.

2.4.2.4. Kokillengußverfahren

Arbeitsmittel

Kokillen (frz. coquille — Muschel). Teilbare Dauerform aus keramischen Stoffen (Siliziumkarbid, Äthylsilikat) oder Metall (Stahl, Grauguß, Leichtmetall). Innenform entspricht dem Werkstück unter Beachtung des Schwindmaßes; zusätzliche Vertiefungen zum Einlegen von Kernen.

Arbeitsvorgang

In geschlossene, gegen Öffnen gesicherte Kokillen wird aus Pfannen oder Kellen flüssiger Werkstoff gegossen. Sehr schnelles Erstarren führt zu kleinkristallinem, hartem Werkstoff. Öffnen der Kokille, Entfernen des Gußteils und Schließen der Kokille.

Anwendung

Teile mit glatten Oberflächen und kleinen Toleranzen. Möglichst nicht zu komplizierte Form, geringe Dicken. Gehäuse, Teile mit Kühlrippen, Maschinenteile in mittleren Stückzahlen.
Außer Metallen werden auch keramische Massen (z.B. Porzellan) und Kunstharze vergossen.

Bei dem von der Sowjetunion übernommenen Verfahren des Volumengusses wird eine genau dosierte Menge in besonders gestaltete Formen gegossen. Es entsteht kein Einguß und kein Steiger, so daß eine wesentliche Werkstoffeinsparung möglich wird.

Kokillenguß verringert wesentlich den Transportaufwand und die körperliche Arbeit im Vergleich zu Sandguß. Günstig für maschinelles und automatisiertes Gießen. Durch besondere Technologien läßt sich Gußeisen in steigendem Maß in Kokillen vergießen.

Strangguß (Bild 2.4.11) als Sonderverfahren mit zweiseitig offener Kokille liefert quadratische oder zylindrische Profile großer Länge. Günstig für Walzwerke als Blöcke und für Buntmetallprofile.

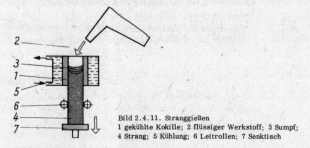

Bild 2.4.11. Stranggießen
1 gekühlte Kokille; 2 flüssiger Werkstoff; 3 Sumpf;
4 Strang; 5 Kühlung; 6 Leitrollen; 7 Senktisch

2.4.3. Gießen durch Druckkraft (Druckguß)

Arbeitsmittel

Druckgußformen. Hergestellt aus hochlegierten Stählen, Berylliumkupfer (bis 5% Be, teuer), Siliziummessing (bringt glänzende Oberflächen), oberflächengehärtetem Gußeisen (besonders für Al). Innenflächen geschützt durch Schwärzen, Nitrieren, Phosphatieren oder Hartverchromen, außerdem Formschmiermittel (Gemisch aus Wachs, Paraffin, Vaseline, Graphit) zur Verlängerung der Gebrauchsfähigkeit. Auswerfer als Stifte, Ringe oder Platten.

Arbeitsvorgang

Teigiger oder flüssiger Werkstoff wird nach den Gesetzen der Hydraulik unter Druck (bis 50 MPa) mit Geschwindigkeiten bis $70\ \mathrm{m} \cdot \mathrm{s}^{-1}$ innerhalb $0,1 \cdots 0,3$ s in die Formen gepreßt (Bilder 2.4.12, 2.4.13). Nach dem Erstarren Entfernen durch Auswerfer.

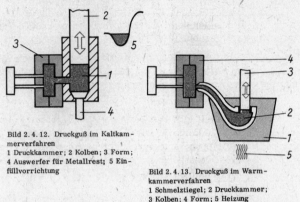

Bild 2.4.12. Druckguß im Kaltkammerverfahren
1 Druckkammer; 2 Kolben; 3 Form;
4 Auswerfer für Metallrest; 5 Einfüllvorrichtung

Bild 2.4.13. Druckguß im Warmkammerverfahren
1 Schmelztiegel; 2 Druckkammer;
3 Kolben; 4 Form; 5 Heizung

Anwendung

Für genaue Teile mit sauberen, glatten Oberflächen und dichtem Gefüge. Versprödung durch Abschrecken. Kleine Lufteinschlüsse möglich.
Warmkammerverfahren nur für niedrigschmelzende Legierungen (Zn, Sn, Pb).
Aus B l e i l e g i e r u n g e n : Akkugitter, Massestücke, säurefeste chemische, physikalische und medizinische Geräte.
Aus Z i n n l e g i e r u n g e n : Teile für Milch- und Nahrungsmittelmaschinen, Meßgeräte, Zählwerke, Triebe in der Feinwerktechnik, Gehäuse.
Aus Z i n k l e g i e r u n g e n : Armaturen, Gehäuse, Teile für elektrische und optische Geräte, Zählwerke, medizinische Instrumente, Teile für Druckerei- und Büromaschinen.
Aus A l u m i n i u m l e g i e r u n g e n : Radnaben, Geräteteile, Teile für Elektrotechnik und Optik.
Aus M a g n e s i u m l e g i e r u n g e n : Kcamerateile, Teile für Büromaschinen, im Flugzeugbau und in der Elektrotechnik.
Aus K u p f e r l e g i e r u n g e n : Armaturen, Fittings, Bestecke, Ventilteile, Teile für Elektrotechnik.
Günstig für hohe Stückzahlen, $50\,000 \cdots 500\,000$ je nach Gußwerkstoff. Verstärkter Einsatz von Automaten infolge steigenden Bedarfs an Kleinteilen. Besondere Technologien ermöglichen Gießen großer Teile (z.B. Motorblöcke).

2.4.4.   Gießen durch Zentrifugalkraft (Schleuderguß)

Arbeitsmittel

K o k i l l e n . Meist rotationssymmetrische Formen aus Metall. Teilbar zur Entnahme des Gußteils.
M a s c h i n e zum Erzeugen der Drehbewegung.

Arbeitsvorgang

Bei e c h t e m S c h l e u d e r g u ß wird flüssiger Werkstoff durch Zentrifugalkraft der rotierenden Form an deren Wandung gedrückt, wo er erstarrt (Bilder 2.4.14, 2.4.15).
Bei u n e c h t e m S c h l e u d e r g u ß hat die Kokille Vertiefungen in der Wandung, so daß der äußere Mantel des Gußteils nicht rotationssymmetrisch wird.

25

Bei Schleuderformguß werden mehrere Formen beliebiger Gestalt um einen zentralen Einguß drehbar angeordnet. Flüssiger Werkstoff wird bei Rotation durch Zentrifugalkraft in die Formen befördert, wo er erstarrt (Bild 2.4.16).

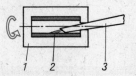

Bild 2.4.14. Horizontaler Schleuderguß
1 Form; 2 Gußteil; 3 Einguß

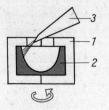

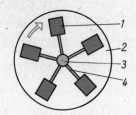

Bild 2.4.15. Vertikaler Schleuderguß
1 Form; 2 Gußteil; 3 Einguß

Bild 2.4.16. Schleuderformguß
1 Form; 2 Schleudereinrichtung; 3 zentraler Einguß; 4 Eingußkanal zur Form

Anwendung

Meist für Teile mit rotationssymmetrischem Innenraum, auch beliebig geformte Teile. Höhere Festigkeitswerte durch verdichtetes Gefüge. Weniger Gußfehler möglich.
Beispiele: Rohre, Buchsen, Kessel, Rohlinge für Zahn- und Schneckenräder, Gleitschichten in Verbundlagern.
Der qualitativ hochwertige Guß rechtfertigt den Aufwand. Bei Schleuderguß entfallen die Kerne. In der Entwicklung wird besonderer Wert auf das Gießen von Hohlkörpern aus Stahl gelegt.

2.4.5. Urformen von Thermoplasten

2.4.5.1. Spritzgießen (Spritzen)

Arbeitsmittel

Spritzgußformen. Hergestellt aus warmfesten Stählen. Innen poliert und meist hartverchromt. Für Hohlräume Kerne und Schieber. Wasserkühlung durch Kanäle. Auswerfer.

Arbeitsvorgang

Portionierte Menge formlosen Plastes erweicht durch Wärme und wird durch Kolben oder Transportschnecke in Spritzformen gedrückt. Dort Erstarren und Auswerfen (Bild 2.4.17).

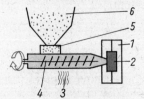

Bild 2.4.17. Plastspritzeinrichtung
1 Form; 2 Spritzteil; 3 Heizung; 4 Transportschnecke; 5 Dosiereinrichtung; 6 Behälter für Granulat

Anwendung   Sehr vielseitig, da viele Plastarten. Teile sind eng toleriert und
haben glatte Oberflächen, Innen- und Außengewinde möglich.
Beispiele: Dichtungen, Teile für Beleuchtungsanlagen und Apparate, Bauteile für die Elektrotechnik (isolierend), Kleinteile unter-
schiedlichster Art, Bürobedarf.

2.4.5.2.   Strangpressen

Durch Erwärmung erweichter Plast wird mit Transportschnecke
durch profilierte Öffnung gedrückt, in der er erstarrt (Bild 2.4.18).
Herstellen von Profilen und endlosen Schläuchen. In speziellen Maschinen zum Isolieren von Drähten, Litzen und Kabeln und zum Bla-
sen von Hohlkörpern (z.B. Flaschen) aus kurzen Schlauchstücken in
Formen.

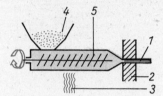

Bild 2.4.18. Strangpressen von Thermoplast
1 Strang; 2 Matrize; 3 Heizung; 4 Behälter für Granulat,
Agglomerat oder „dry blend"; 5 Transportschnecke

2.4.5.3.   Kalandrieren

Formloser Plast erweicht zwischen beheizten Walzen und wird von
diesen geformt (Bild 2.4.19). Zum Herstellen von Folien und Platten.

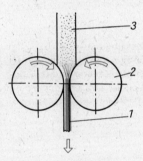

Bild 2.4.19. Kalandrieren von Thermoplast
1 Platte, Folie; 2 beheizte Walzen;
3 Zuführung von formlosem Plast

2.4.6.   Glasblasen

Teigiges Glas wird durch ein Rohr zu einem Hohlkörper auf-
geblasen. Dieser wird durch Werkzeuge oder in Formen geformt.
Herstellen von Apparaten für chemische und medizinische Labora-
torien, Glaskörpern für elektrische Röhren, Ziergläsern und Gefäßen.

2.4.7.   Flüssigpressen

Dosierte Menge flüssigen Werkstoffs wird in Form gegossen und beim Erstarren unter einem Stempel gepreßt. Gefüge
wird porenfrei und homogener als beim normalen Gießen. Höhere
Festigkeiten. Wirtschaftlicher als Gesenkschmieden und Druckguß,
aber nicht so vielseitig anwendbar.
Herstellen von Ringen, Buchsen, Lagerschalen. Hauptsächlich für
Leichtmetallegierungen und Polyester.

2.5. Urformen aus dem gasförmigen Zustand

Wenig Werkstoffmasse bei großem Aufwand, deshalb nicht für massive Werkstücke. Anwendung hauptsächlich beim Aufdampfen metallischer Schichten (s. Beschichten, Abschn. 6.5.). Züchten von Kristallen (künstlichen Edelsteinen).

2.6. Urformen aus dem ionisierten Zustand

2.6.1. Definition

Fertigen eines massiven Teiles durch galvanische Vorgänge.

Metallionen

- wandern im Elektrolyten unter Einfluß von Gleichstrom zur Katode,
- werden durch Elektronenaufnahme neutral,
- setzen sich an der Katode als Atome ab.

2.6.2. Galvanoplastik

Arbeitsmittel

Elektrolyte. Lösungen von Metallsalzen mit besonderen Zusätzen, z.B. Glanzbildnern.
Elektroden. Als einfachste Form nur Platten. Modelle aus Wachs oder Kunstharz mit leitend gemachter Oberfläche (Graphitschicht).

Arbeitsvorgang

Elektroden werden in Bäder mit Elektrolyten eingehängt. Bei Gleichstromfluß Ablagerung von Metallschichten größerer Dicke an den leitenden Flächen.

Anwendung

Gewinnung von reinen Metallplatten und -blöcken, da Verunreinigungen im Bad verbleiben. Herstellen von Innenformen zum Pressen oder Gießen durch Ausschmelzen des Modells, z.B. Preßformen für Schallplatten, Gießformen für Plaste.

Weiterführende Literatur

Autorenkollektiv: Fachkunde Gießereitechnik. Leipzig: VEB Deutscher Verlag für Grundstoffindustrie.

Autorenkollektiv: Fachkunde der Plastverarbeitung. Leipzig: VEB Deutscher Verlag für Grundstoffindustrie.
Bd. 1: Einführung in den Produktionsprozeß; Bd. 2: Form- und Spritzpressen; Bd. 3: Schichtpreßstoff-Fertigung; Bd. 4: Spritzgießen; Bd. 6: Plastwerkstoffe

Autorenkollektiv: Grundlagen der Metallurgie. Leipzig: VEB Deutscher Verlag für Grundstoffindustrie.

Günther/Lothmann: Ur- und Umformwerkzeuge. Berlin: VEB Verlag Technik

3. Umformen

3.1. Definition

Umformen ist Fertigen durch bildsames (plastisches) Ändern der Form eines festen Körpers. Dabei werden sowohl Masse als auch Stoffzusammenhalt beibehalten.

3.2. Vorgänge im Werkstoff

Formänderung

Äußere Kräfte können in den Gitterblöcken des Werkstoffs je nach Belastungsart die Gitterabstände vergrößern (Zugkräfte) oder verkleinern (Druckkräfte). Bei Rückgang der Belastung nehmen die Gitter ihr ursprüngliche Lage ein (elastische Formänderung). Wird der Werkstoff jedoch über eine bestimmte Grenze hinaus beansprucht (vgl. Spannungs-Dehnungs-Diagramm), so bleibt er, infolge eines Gleitvorgangs in den Gitterblöcken, nach Aufhebung der Belastung in diesem Zustand (plastische Formänderung).

Der Formänderung setzt der feste Körper bedingt durch die im Inneren wirkenden Kohäsionskräfte einen Widerstand entgegen (Formänderungswiderstand). Der Formänderungswiderstand wird beeinflußt durch:

- kristallinen Aufbau der Werkstoffe,
- Umformgeschwindigkeit,
- Umformtemperatur.

Kaltumformen

Erfolgt bei Formänderung unter der Rekristallisationstemperatur $(T \leqq T_R)$.

Warmumformen

Erfolgt oberhalb der Rekristallisationstemperatur $(T \geqq T_R)$.

3.3. Einteilung

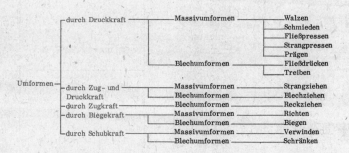

durch Druckkraft	Massivumformen	Walzen
		Schmieden
		Fließpressen
		Strangpressen
		Prägen
	Blechumformen	Fließdrücken
		Treiben
durch Zug- und Druckkraft	Massivumformen	Strangziehen
	Blechumformen	Blechziehen
durch Zugkraft	Blechumformen	Reckziehen
durch Biegekraft	Massivumformen	Richten
	Blechumformen	Biegen
durch Schubkraft	Massivumformen	Verwinden
	Blechumformen	Schränken

3.4. Umformen durch Druckkraft

3.4.1. Definition

Beim Druckumformen wird das Fließen des Werkstoffs durch von außen aufgebrachte Druckbeanspruchung bewirkt.

Der Werkstoff weicht den angreifenden Druckkräften in R i c h t u n g des geringsten Widerstands aus. Dabei verschieben sich die Werkstoffteilchen.

3.4.2. Walzen

3.4.2.1. . Walzen von Stäben, Blechen und Bändern

Tafel 3.4.1.

Arbeitsmittel	Arbeitsvorgang allgemein	speziell	Anwendung
Duowalzgerüst 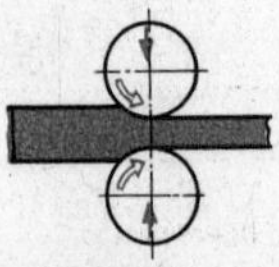	Durch rotierende Walzen wird im Walzspalt eine Formänderung erreicht; 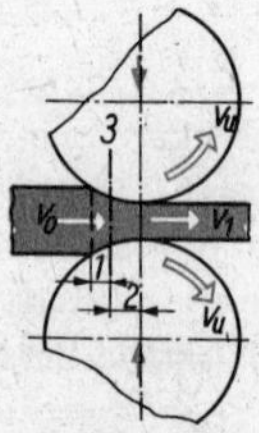	Umkehrwalzen Drehrichtung der Walzen wird nach jedem Stich (Walzvorgang) geändert; auch mehrere Walzgerüste hintereinander angeordnet; Walzgut erhält in jedem Gerüst nur einen Stich	Walzen von schweren Profilen (Blöcke, Träger, Schienen, Grobbleche); Hochleistungsstraßen zum Walzen von Halbzeugen und Formstahl
Triowalzgerüst 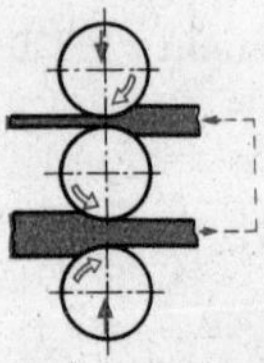	1 Rückstauzone 2 Voreilzone 3 Fließscheide v_u Walzenumfangs-geschwindigkeit v_0 Werkstück-geschwindigkeit vor Walzvorgang v_1 Werkstück-geschwindigkeit nach Walzvorgang	Umwalzen Drehrichtung wird beim Walzvorgang nicht geändert; Rückführung der Stränge, dadurch Leistungsfähigkeit begrenzt	
Quartowalzgerüst 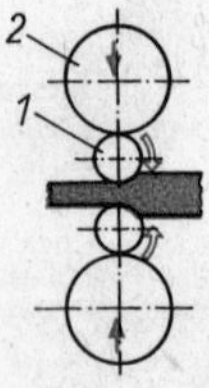 1 Arbeitswalzenpaar 2 Stützwalzenpaar	im Vergleich zur Umfangsgeschwindigkeit der Walzen fließt Werkstoff in Rückstauzone langsamer, in Voreilzone schneller $v_0 < v_u$ und $v_1 > v_u$	Stützwalzen verhindern das Durchbiegen der kleineren angetriebenen Arbeitswalzen	Warm- und Kaltwalzen von Blechen, Breitband und Bändern höherer Genauigkeit. Bessere Streckung des Walzgutes
Mehrwalzgerüst (Zwölfwalzengerüst) 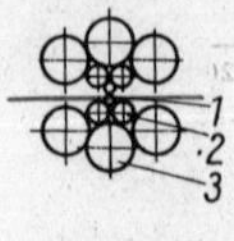 1 Arbeitswalzenpaar 2 innere Stützwalzen 3 äußere Stützwalzen	$v_0 < v_u < v_1$	Innere Stützwalzen werden angetrieben; Arbeits- und äußere Stützwalzen laufen durch Reibschluß mit (Schleppwalzen); hohe Widerstandsfähigkeit und Steifheit des Gerüstes	Kaltwalzen von Blechen, Bändern und Folien

Arbeitsmittel	Arbeitsvorgang		Anwendung
	allgemein	speziell	
Universalwalzgerüst (Universalduowalzgerüst) zusätzlich mit einem Paar senkrechter Walzen		Das Duowalzgerüst wird durch ein oder zwei Paare senkrechter Walzen erweitert, die zur Bearbeitung seitlicher Flächen dienen	Auswalzen von Blöcken und Brammen, Auswalzen breiter Flachprofile und Breitflanschträger
Universalträgergerüst 1 Arbeitswalzen 2 Schleppwalzen	(s. Text auf voriger Seite)	Waagerechte Walzen werden angetrieben, senkrechte Walzen laufen als Schleppwalzen mit; Achsen der Walzenpaare liegen in einer Ebene	Walzen von Doppel-T- und Breitflanschträgern

3.4.2.2. Walzen von Rohren und Ringen

Tafel 3.4.2.

Arbeitsmittel	Arbeitsvorgang	Anwendung
Schrägwalzwerk (siehe unter Anwendung)	Schräg zueinander angeordnete Walzen bewirken schraubenförmige Bewegung des Stahlblockes vorwärts. Konische Walzenteile bewirken zunächst Einschnüren und anschließendes Weiten des Querschnitts. Kernzone reißt auf. Dorn weitet und glättet Hohlraum.	dickwandige, nahtlose Rohrkörper; eventuell Weiterverarbeitung im Pilgerschrittverfahren
	1 rundes Vormaterial (Strang); 2 Dorn; 3 starkwandiges Rohr (Luppe); 4 Lochkonus; 5 Querwalzteil	
Pilgerschrittwalzwerk 1 Vorschieben (Leerlaufkaliber); 2 Strecken (Fertigkaliber); 3 Glätten; 4 Dorn; 5 Segmentwalze	Pilgerschrittverfahren Im Bereich des Leerlaufkalibers wird Rohr auf Dorn entgegengesetzt zur Walzrichtung vorgeschoben; gleichzeitig erfolgt eine Drehung um 60···90°; Fertigkaliber walzt Rohr dünnwandig.	Kaltwalzen von Rohren Ø10···100 mm; dünnwandige Rohre; Warmwalzen von Rohren Ø40···425 mm
Kegelwalzwerk 1 Kegelwalzen; 2 Dorn	Kegelwalzverfahren Vorgänge entsprechen dem Schrägwalzverfahren; durch große Schräglage der kegligen Walzen fließen Werkstoffrandschichten stärker als beim Schrägwalzverfahren	dünn- oder dickwandige Rohre bis Ø220 mm und 7···20 m Länge

Arbeitsmittel	Arbeitsvorgang	Anwendung
Ringwalzwerk 1 Schleppwalze; 2 Form- walze; 3 Kegelwalzen; 4 Ring	Ringwalzverfahren Vorgelochter Ring wird zwischen Arbeitswalzen (Schlepp-, Form- und Kegelwalzen) gestreckt. Dabei wird die Breite zwischen Form- und Schleppwalze geformt. Kegelwalzen formen die Höhe des Ringes.	Radbandagen für Schienenfahrzeuge; Ringe

3.4.2.3.   Glattwalzen

Arbeitsmittel

Glattwalzeinrichtungen bestehen aus zwei bis drei geschliffenen Walzen. Eine Walze wird angetrieben und kann gegen das Werkstück gedrückt werden. Beim Glattrollen sind die Rollen (Walzen) drehbar gelagert. Eine Rolle wird mechanisch oder hydraulisch zugestellt.

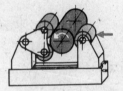

Bild 3.4.1. Glattrolleinrichtung

Arbeitsvorgang

Mit langsam steigender Anpreßkraft ebnen die glatten Walzen Unebenheiten (z.B. Bearbeitungsriefen) und verdichten die Werkstoffoberfläche.
Beim Glattrollen wird das Werkstück angetrieben. Die Rollen werden durch die Reibung mitgenommen und glätten durch die Anpreßkraft die Oberfläche.

Anwendung

Bleche, Folien, Schienen und Bänder.
Wellen, Zapfen, Bohrungen oder Hydraulikkolben werden im Kaltzustand glattgewalzt. Rauhtiefe bis 0,2 μm.

Fertigungszeit durch Einsparung von Feinbohren, Feinschleifen und Honen verkürzt. Dauerfestigkeit steigt um 50 %, Oberflächenhärte um 40 %.

3.4.2.4.   Formwalzen

Quer- oder Längsprofile werden in das Werkstück geformt. Nach den herzustellenden Formen gliedern sich Verfahren wie in den Tafeln 3.4.3 und 3.4.4 gezeigt.

Tafel 3.4.3. Formwalzen, Kerbzahn-, Kugel-, Spiralbohrerwalzen

Arbeitsmittel	Arbeitsvorgang	Anwendung und Bemerkungen
Kerbzahnwalzen 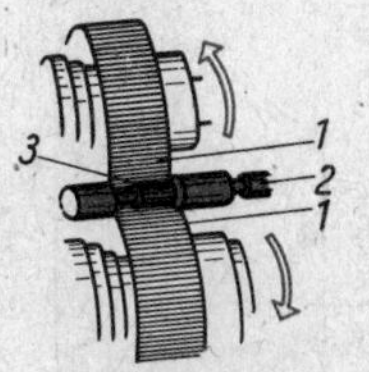 1 Formwalzen; 2 Aufnahme 3 Werkstück	Zwei Walzen mit Kerbverzahnung sind radial verstellbar; Werkstück zwischen Spitzen oder auf Auflage-lineal; gleiches Prinzip für Rändeln und Kordeln	Bolzen mit Kerbverzahnung; Rändel und Kordel als Griffffläche
Kugelwalzen 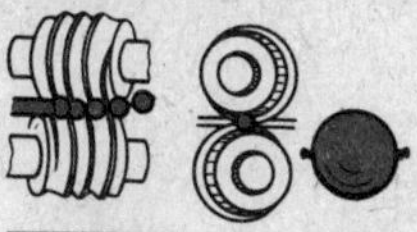	Zwei Walzen bilden allmählich ein ge-schlossenes Kaliber; kontinuierliches Arbeiten dadurch möglich; Einformung im warmen Zustand	Kugeldurchmesser 15···100 mm; Kugeln z.B. für Kugellager; sowjetisches Verfahren; Automatisierung gut möglich
Spiralbohrerwalzen (Drallwalzen) 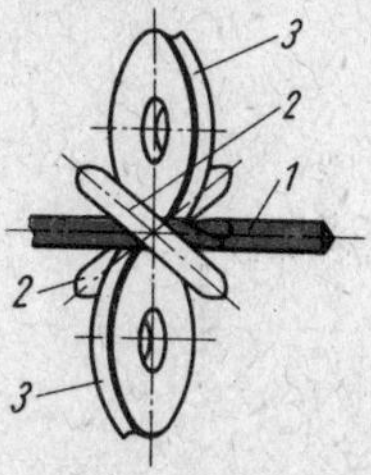 1 Werkstück; 2 Werkzeug zum Walzen der Spannuten; 3 Werk-zeug zum Walzen des Spiral-bohrerrückens	Alle Walzen sind um Winkel der Spannut geneigt. Sie bilden geschlossenes Kaliber. Einformung im warmen Zustand.	Spiralbohrer 1,6···20 mm Durchmesser; Materialeinsparung 25 bis 40 % ; automatisiert

Tafel 3.4.4. Formwalzen, Gewindewalzen

Arbeitsmittel	Arbeitsvorgang	Anwendung und Bemerkungen
Gewindewalzen mit Flachbacken 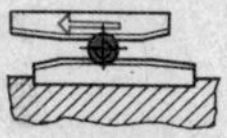	Zwei parallele Gewindebacken, in die das Gewindeprofil geradlinig mit Steigung des Gewindes eingeformt ist, drücken die Gewindeform in das Werkstück ein; Abschrägen der Backen erleichtern An- bzw. Abrollen; eine Gewindebacke feststehend, andere beweglich	Schrauben, Gewindebolzen; älteste Gewindewalzverfahren, Werkzeug relativ einfach herzustellen
Gewindewalzen mit Segmentbacke 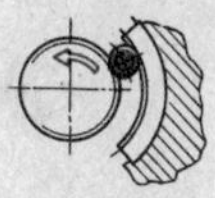	ähnlich dem Verfahren mit Flachbacken; Länge der Backe wird dem Umfang bzw. Durch-messer des Gewindes angepaßt.	Schrauben, Gewindebolzen; Segmentbacke schwieriger herzustellen; Rücklauf wird eingespart
Gewindewalzen mit Außen- und Innensegmenten 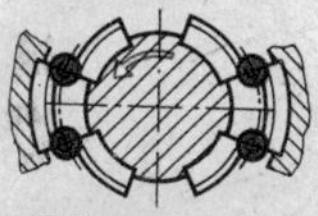	ähnlich dem Verfahren mit Flachbacken; zum Kraftausgleich müssen Werkstücke immer gegenüberliegen	Schrauben; größere Mengenleistung, für Automatisierung geeignet

Arbeitsmittel	Arbeitsvorgang	Anwendung und Bemerkungen
Gewindewalzen mit zwei Rund-werkzeugen (Radialverfahren)	Werkstück durch Hartmetallineal zwischen den Walzen geführt; Gewindetiefe durch Radialzustellung der Walzen erreicht	Schrauben, Gewindespindeln; am häufigsten verwendetes Verfahren; mit Einlaufschräge auch als Axialverfahren
Gewindewalzen mit drei Rund-werkzeugen	Führung des Werkstücks durch die jeweils um 120° versetzten Walzen; alle Walzen radial zustellbar; Gewinderillen der Walzen mit Steigung des Gewindes versehen	Schrauben, Gewindespindeln
Gewindewalzen mit Rollkopf (Gewinderollen)	Rollen tragen ringförmig Gewindeprofil, Werkstückbewegung bewirkt Rollvorgang; Gewindelänge durch Öffnen des Rollkopfs begrenzt, danach Rücklauf; Achsen der Rollen um Gewindesteigungs-winkel geneigt und um 120° versetzt	Gewindebolzen, Gewindespindeln; 1 Walze; 2 Werkstück; γ Gewindesteigungswinkel; P Steigung

3.4.3. Freiformen (Freiformschmieden)

Arbeitsmittel

Mechanisch oder hydraulisch wirkende Pressen oder Hämmer, verschieden geformte Ober- und Untersättel (Tafel 3.4.5), Haltevorrichtungen, Zangen, Greifer, Wendevor-richtungen (Bild 3.4.2), Manipulatoren (Bild 3.4.3).

Bild 3.4.2. Wendevorrichtung   Bild 3.4.3. Manipulator

Tafel 3.4.5. Arbeitsmittel beim Freiformen

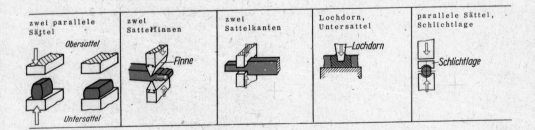

Arbeitsvorgang

Aufeinanderfolgender Stauchvorgang (Tafel 3.4.6). Erfolgt Stauchung durch Preßkraft, so wird eine große Tiefenwirkung erreicht. Hämmer verdichten infolge Schlagwirkung Werkstoff an der Oberfläche, Tiefenwirkung geringer.

Tafel 3.4.6. Arbeitsvorgang beim Freiformen

Benennung	Darstellung	Fertigungsziel
Stauchen (Flachprägen)	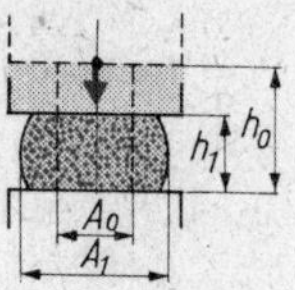	Verringerung der Höhe ($h_1 < h_0$) und Vergrößerung des Querschnitts ($A_1 > A_0$) des Werkstücks
Elektrostauchen (Anstauchen mit elektrischer Widerstandserwärmung)	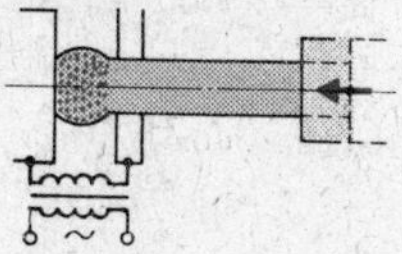	Werkstoffanhäufung durch örtlich begrenztes Stauchen
Rundkneten	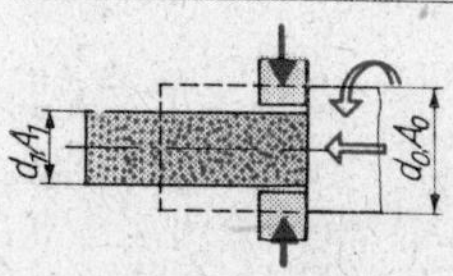	Dicken- und Querschnittsverminderung des Werkstücks ($d_1 < d_0$, $A_1 < A_0$)

Anwendung

Symmetrische und unsymmetrische Rohteile, die weiterbearbeitet werden, für hochbeanspruchte Werkstücke und große Umformgrade.

3.4.4. Gesenkformen (Gesenkschmieden)

Arbeitsmittel

Mechanisch oder hydraulisch wirkende Pressen oder Hämmer. Gesenke, je nach Werkstückart und Größe:
von der Stange   - offenes Gesenk,
Rohlinge   - halboffenes Gesenk,
vorgeformte Teile - geschlossenes Gesenk,
komplizierte Teile - Stufengesenk
(s. Tafel 3.4.7).

3*

Tafel 3.4.7. Arbeitsmittel beim Gesenkformen

Offenes Gesenk (einteilig)	Halboffenes Gesenk (einteilig)	Geschlossenes Gesenk (einteilig)	Geschlossenes Gesenk (mehrteiliges Stufengesenk)
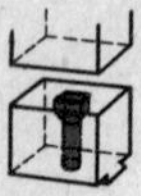	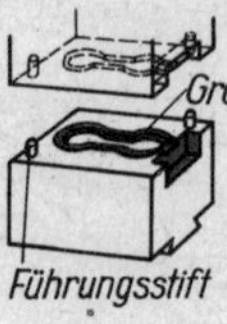 Gravur / Führungsstift		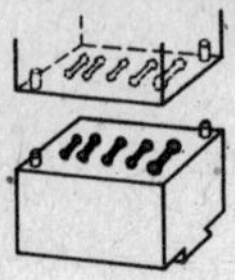

Arbeitsvorgang Werkstoff im warmen Zustand meist in allseitig geschlossener Form, dem Gesenk, durch Druck geformt. Polierte Oberfläche, benetzt mit Graphit, erleichtert Werkstofffluß. Ausfüllen der Form durch genau bemessenen Werkstoff plus berechneter Zugabe. Zugabe bildet Grat in der Gratrinne der Teilungsebene.

Anwendung Hochbeabspruchte Maschinenteile (z.B. Zahnräder, Schraubenbolzen, Kurbelwellen, Pleuel, Kranhaken), Werkzeuge (z.B. Schraubenschlüssel, Zangen). Gute Werkstoffausnutzung, hohe Festigkeit durch günstigen Faserverlauf. Beim Feinschmieden Toleranz bis 0,7 mm.

3.4.5. Strangpressen

Arbeitsmittel Im einfachsten Fall Aufnehmer (Rezipient), Matrize, Stempel. Einen Sonderfall zeigt Bild 3.4.4.

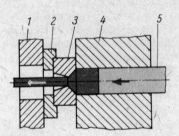

Bild 3.4.4. Gleichstrangpressen eines Vollprofils
1 Gegenhalter; 2 Matrizenhalter; 3 Matrize; 4 Aufnehmer; 5 Stempel

Arbeitsvorgang Umformvorgang ähnelt dem Fließpressen. Meist als Warmumformen, bis 20 m Länge. Vor Matrize bildet sich Stauzone, aus der sich Formgebung entwickelt. Temperatur je nach Werkstoff bis 1600 °C. Glaspulver verhütet Verzunderung, ist wärmeisolierend und wirkt schmierend. Nach Fließrichtung und Querschnitt unterscheidet man Gleichstrang- von Gegenstrangpressen (Tafel 3.4.8).
Preßkraft   5 ... 50 MN
Protildurchmesser   5 ... 700 mm

Tafel 3.4.8. Strangpressen

	Vollstränge	Hohlstränge
Gleich-strang-pressen	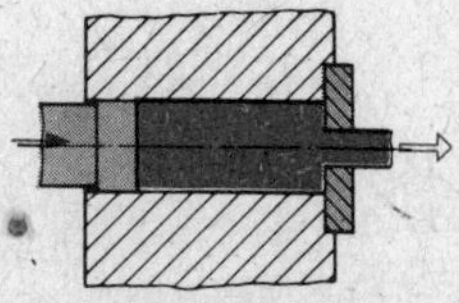	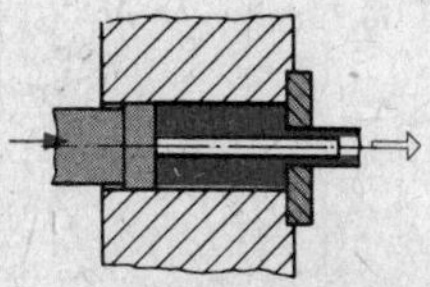
Gegen-strang-pressen	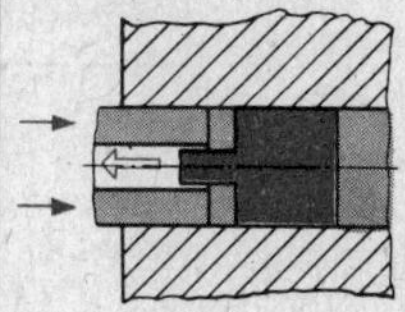	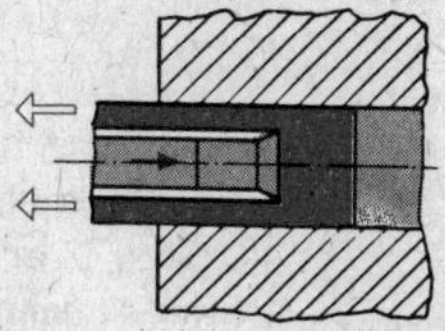

Anwendung

Wirtschaftliche Herstellung komplizierter Profile, die als Halbzeuge weiterverarbeitet werden. Zierleisten, Kühlrippen, Gehäuseteile, Stangenmaterial unterschiedlicher Profile. Die Profile sind häufig nicht anders herstellbar.

3.4.6. Fließpressen

Werkstoff wird durch hohen Druck zwischen Stempel und Matrize im kalten oder warmen Zustand zum Fließen gebracht. Werkstoff fließt ohne Längenbegrenzung durch Spalt. Nach Richtung des Werkstoffflusses und Arten der Werkstücke gliedern sich Verfahren, wie in Tafel 3.4.9 dargestellt.

Verfahren	Prinzipbild		Arbeitsvorgang	Anwendung
Gleich-fließ-pressen	eines Vollkörpers	eines Hohlkörpers	Umformkraft und Werkstofffluß sind gleichgerichtet; Öffnung für Werkstofffluß in Matrize; Ausgangsformen sind rondenförmige oder napfförmige Rohlinge	für Buntmetalle wie Kupfer, Blei, Zinn, Messing, Zink, Aluminium, und ihre Legierungen sowie für unlegierte und hochlegierte Stähle; für Maßtoleranzen von $\pm 0,02 \cdots \pm 0,5$ mm, kleinste Wanddicke von 0,1 mm und Geschwindigkeiten bis $1,5$ mm $\cdot$ s^{-1}; für unterschiedliche Kopfformen, abgestufte Schäfte und Innen- sowie Außenmantelformen
Gegen-fließ-pressen	von Tuben	mit Mittelzapfen	Stempelbewegung bzw. Umformkraft und Werkstofffluß sind entgegengerichtet; Öffnung für Werkstofffluß wird durch Stempel und Matrize gebildet; als Ausgangsformen Ronden, gelochte Ronden, auch eckige Rohlingsquerschnitte	
	mit Flansch			
Misch-fließ-pressen	mit Bodenzapfen	mit Zwischensteg	Werkstoff fließt in Richtung und entgegengesetzt der Stempelbewegung (Gleich- und Gegenfließpressen in einem Hub); als Ausgangsformen meist Ronden	

3.4.7. Prägen

Tafel 3.4.10

	Teilprägen mit Stempel	Prägen in geschlossenen Formen	Prägen von Blechen und Folien
Arbeits-mittel			
Arbeits-vorgang	Stempelgravur wird mit Schlag oder Preßkraft in Werkstücke eingeformt	Stempel sowie Matrize enthalten die Gravur; enthält Stempel nur glatte Form, dann einseitiges Prägen	Stempel oder rotierende Prägewalze und Matrize formen durch Druckkraft Gravur einseitig oder doppelseitig (Hohlprägen)
Anwendung	Prägen von Nummern, Firmenzeichen, Gütezeichen, Kontrollvermerken	Prägen von Münzen, Plaketten, Medaillen	Prägen von Rippenschildern, Ornamenten, Mustern für Folien

3.4.8. Fließdrücken

Arbeitsmittel

Umlaufende Druckform, umlaufender Gegenhalter, Druckrolle, Fließdrückmaschine.

Arbeitsvorgang

Ronden oder vorgeformte Hohlteile werden mit einem Gegenhalter gegen eine umlaufende Druckform gepreßt und abgestreckt. Wird dabei die Wanddicke der Ronde absichtlich verringert, spricht man vom F l i e ß d r ü c k e n.
Bleibt die Wanddicke erhalten und verändert sich nur der ursprüngliche Außendurchmesser der Ronde, spricht man vom D r ü c k e n.

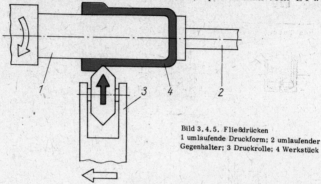

Bild 3.4.5. Fließdrücken
1 umlaufende Druckform; 2 umlaufender Gegenhalter; 3 Druckrolle; 4 Werkstück

Anwendung

Kupferkessel in Thermostaten, Kühltrichter, Milchkannen.

3.4.9. Treiben

Handwerkliche Herstellung von Blechteilen in geringer Stückzahl (Kupfer und Kupferlegierungen, Aluminium und Aluminiumlegierungen, Stahl). Besonders angewendet im Kunstgewerbe und in der Musterfertigung. Die Blechzuschnitte werden durch Treibhämmer auf Unterlagen (Amboß, Hartholz, sandgefüllte Ledersäckchen, Hartblei, Treibpech) umgeformt.

3.5. Umformen durch Zug- und Druckkraft

3.5.1. Definition

Plastische Formänderung des Werkstücks erfolgt durch Zug- und Druckkräfte, die — vom Arbeitsmittel erzeugt — auf das Werkstück einwirken.

Die von der Umformmaschine auf das Werkstück im Ausgangszustand aufgebrachte Zug- (oder Druck-) Kraft erzeugt durch die konstruktive Gestaltung des Arbeitsmittels im Werkstück Zugspannungen, im geringen Maße Druck- und Biegespannungen.
Wird die Elastizitätsgrenze überschritten, kommt es zum Fließen des Werkstoffs in die durch das Arbeitsmittel bestimmte Form. Traditionelle Umformmaschinen werden teilweise ersetzt durch Explosionskammern, die die erforderlichen Zug- oder Druckkräfte erzeugen. Durch das Explosivumformen sind höhere Umformgrade sowie eine größere Arbeitsproduktivität erreichbar.

3.5.2. Hohlprägen

Arbeitsmittel

Umformmaschinen (P r e s s e n) erzeugen Umformkraft. Umformung erfolgt mit U m f o r m w e r k z e u g e n. In ihnen ist die Werkstückendform eingearbeitet. Meist zweiteilig: P r ä g e s t e m p e l und M a t r i z e m i t G r a v u r. Umformkraft kann sowohl direkt auf Stempel als auch indirekt über Gummiplatten, flüssigkeitsgefüllte Gummibeutel oder als Druckwelle einer Explosion (Explosivumformen) aufgebracht werden.

Arbeitsvorgang

Mit entsprechend gestaltetem Prägestempel werden in der Gravur der Prägematrize einzelne Stellen des ebenen Blechzuschnitts zu flachen Vertiefungen umgeformt. Die Blechdicke bleibt annähernd gleich (Bild 3.5.1).

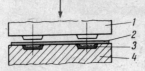

Bild 3.5.1. Hohlprägen
1 Prägestempel; 2 Ausgangsform;
3 Endform; 4 Prägematrize

Anwendung

Versteifen von großflächigen Blechteilen bei Massenfertigung. Verbesserung der dekorativen Wirkung von Frontplatten. Weiterverarbeiten von Halbzeugen zu Fertigteilen bei hoher Arbeitsproduktivität.

3.5.3. Ausbauchen

Arbeitsmittel

Wie beim Hohlprägen. Krafteinwirkung auch über ausspreizende F o r m w e r k z e u g e und durch Verdrängen von S t a h l k u g e l n möglich.

Arbeitsvorgang

Napfartige Hohlkörper mit gerader Mantellinie werden durch von innen nach außen wirkende Umformkräfte aufgeweitet. Umformkraft kann hydraulisch, pneumatisch oder mechanisch aufgebracht werden. Durch sie legt sich der Werkstoff an die in die Form eingearbeitete Gravur an (Bild 3.5.2).
Bei hochfesten Werkstoffen und großen Blechdicken kann Verfahren als Explosivumformen durchgeführt werden.

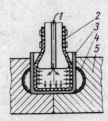

Bild 3.5.2. Ausbauchen
1 Druckflüssigkeit; 2 Gummimembran;
3 Ausgangsform; 4 Endform; 5 Form

Anwendung

Herstellen von napfartigen Hohlkörpern mit gekrümmter Mantellinie. Weiterverarbeiten von Tiefziehteilen.

3.5.4. Tiefziehen

Arbeitsmittel

U m f o r m m a s c h i n e n (spezielle Tiefziehpressen) erzeugen Umformkraft. Diese wird über den Z i e h s t e m p e l auf das Werkstück geleitet. Z i e h r i n g und N i e d e r h a l t e r komplettieren das Tiefziehwerkzeug (Bild 3.5.3).

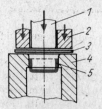

Bild 3.5.3. Tiefziehwerkzeug
1 Stempel; 2 Niederhalter; 3 Ausgangsform; 4 Ziehring; 5 Endform

Arbeitsvorgang

Die auf den Ziehstempel wirkende Umformkraft zieht den ebenen
Blechzuschnitt (Ronde oder Platine) durch den Ziehring in die End-
form. Werkstoff wird dabei auf Zug, Druck und Biegung beansprucht.
Hochstellen des noch ebenen Zuschnitteils und Faltenbildung durch
„überschüssigen" Werkstoff während des Ziehvorgangs werden durch
Niederhalter verhindert. „Überschüssiger" Werkstoff wird in die
Wandung eingearbeitet (Bild 3.5.4).

Bild 3.5.4. Verhältnisse im Werkstoff beim Ziehen
1 überschüssiger, einzuarbeitender Werkstoff

Ziehverhältnis

Bestimmt erreichbare Formänderung des Werkstücks, ist abhängig
von Werkstoff, Form und Umformbedingungen.

$$\beta = \frac{\text{Zuschnittsdurchmesser}}{\text{Fertigteil-Innendurchmesser}}$$

Extrem komplizierte und tiefe Endformen werden durch S t u f e n -
z i e h e n hergestellt.
Häufig zwischen den Ziehstufen Zwischenglühen (Rekristallisations-
glühen) des sich durch die starke Umformung verfestigenden Werkstoffs.

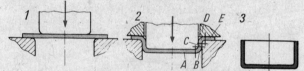

Bild 3.5.5. Phasen und Beanspruchung des Werkstücks beim Tiefziehen
1 Anfangszustand; 2 Zwischenzustand; 3 Endzustand
A spannungslos; B Biegebeanspruchung; C Zugbeanspruchung; D Zug- und Biegebeanspruchung; E radiale Zug- und tangentiale Druckbeanspruchung

Anwendung

H e r s t e l l e n   v o n   H o h l k ö r p e r n (Gefäßen) mit meist kreisförmiger, auch rechteckiger oder beliebig gestalteter Grundfläche und
verschiedenen Mantelflächen (konvex, konkav und abgesetzt).
Bei kreisförmigen Endformen sind Werkzeugkosten geringer als bei
komplizierteren Endformen. Die hohen Werkzeugkosten verlangen aber
stets eine möglichst hohe Stückzahl zu fertigender Werkstücke.

3.5.5. Strangziehen

Arbeitsmittel

Je nach Art des Ziehguts (Draht oder Profilstangen) D r a h t z i e h -
m a s c h i n e n (mit Ziehtrommel) oder S t a n g e n z i e h m a -

41

schinen (mit Ziehschlitten). Die für die Halbzeugquerschnitte benötigten Durchbrüche sind in Matrizen (Ziehstein, Zieheisen) aus chromlegiertem Werkzeugstahl oder Hartmetall eingearbeitet.

Arbeitsvorgang

Ziehmaschine erzeugt Zugbeanspruchung im Werkstück. Gestaltung des Werkzeugs ruft sekundäre Druckspannung hervor, die in Verbindung mit der Zugbeanspruchung die Form des Werkstücks plastisch verändert. Bei starker Formänderung zwischen zwei Ziehstufen muß Umformwiderstand des Werkstoffs durch Rekristallisationsglühen herabgesetzt werden. Starke Querschnittsminderungen werden über Stufenziehen erreicht. Werkstück durchläuft dabei nacheinander mehrere Matrizen.

Nach der Form der entstehenden Halbzeuge unterscheidet man zwei Verfahren.

Vollstrangziehen

Angespitztes Draht- oder Stabende wird durch die Ziehmatrize gesteckt, von der Ziehzange ergriffen und der Draht oder die Profilstange durch die Ziehmatrize gezogen. Dabei erfolgt Umformen des Ausgangsquerschnitts in den Fertigquerschnitt (Bild 3.5.6).

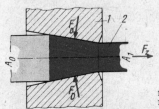

Bild 3.5.6. Vollstrangziehen
1 Ziehmatrize; 2 Werkstück

Hohlstrangziehen

Ausgangsform ist gewalztes oder stranggepreßtes Rohr. Durch Zugbeanspruchung und mittelbare Druckbeanspruchung kann der Rohrdurchmesser vergrößert oder verringert werden. Vorbereitetes Rohrstück wird wie beim Vollstrangziehen durch Ziehmatrize gezogen. Man unterscheidet Rohrziehen mit freier und mit werkzeugbestimmter Wanddicke.

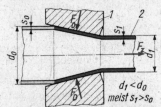

$d_1 < d_0$
meist $s_1 > s_0$

Bild 3.5.7. Rohrziehen mit freier Wanddicke
1 Ziehmatrize; 2 Werkstück

Allgemeine Arbeitsfolge beim Strangziehen:

1. Vorbereiten der Oberfläche (Entzundern),
2. Anspitzen oder Aufweiten,
3. Durchstecken und Einspannen,
4. Einfetten zur Verminderung der Gleitreibung,
5. Ziehen (Vorziehen),
6. Rekristallisationsglühen,
7. Ziehen (Weiterziehen),
8. Nachbehandlung (abhängig vom Einsatzgebiet).

Anwendung

Vollstrangziehen zur Herstellung gebräuchlicher Vollprofile (Kreisquerschnitt, Vierkant-, Sechskantprofile); Drähte und Stangen meist aus vorgewalztem Material.

Hohlstrangziehen zur Weiterbearbeitung gewalzter oder gepreßter Rohre, und zwar:

- Rohrziehen mit Düsen zur Herstellung von Rohren mit kleinem Innendurchmesser,
- Rohr-Aufweiteziehen für Rohre mit geringer Innendurchmessertoleranz und hoher Oberflächengüte der inneren Wandung.

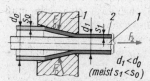

Bild 3.5.8. Rohrziehen mit werkzeugbestimmter Wanddicke und beweglichem Dorn
1 Werkzeug (beweglicher Dorn und Ziehmatrize); 2 Werkstück

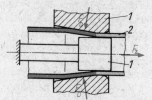

Bild 3.5.9. Rohrziehen mit werkzeugbestimmter Wanddicke und festem Dorn
1 Werkzeug (fester Dorn und Ziehmatrize); 2 Werkstück

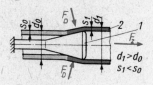

Bild 3.5.10. Rohr-Aufweiteziehen
1 Werkzeug (fester Dorn); 2 Werkstück

3.6. Umformen durch Zugkraft

3.6.1. Definition

Umformkraft wirkt über Arbeitsmittel auf Werkstück ein und erzeugt Zugspannungen, die die Form des Werkstücks plastisch ändern.

Zugspannungen bewirken ein Fließen des Werkstoffs, wenn sie größer sind als die Elastizitätsspannung des Werkstoffs. Werkstück legt sich dadurch an die in das Werkzeug eingearbeitete Form an und behält sie bei.

3.6.2. Reckziehen

Arbeitsmittel

Langsam arbeitende Umformmaschinen wegen der notwendigen ständigen Beobachtung des Werkstücks während des Umformvorgangs. Überwiegend hydraulische Pressen, auch spezielle Reckziehpressen. Als Werkzeug genügt Stempel mit Form des Fertigteils. Stempel je nach Größe der Flächenpressung und Reibung aus Hartholz, Grauguß, Leichtmetall oder Beton. Spannvorrichtung.

Arbeitsvorgang

Im Gegensatz zum Tiefziehen oder Hohlprägen ist Reckziehen ein offenes Blechziehverfahren. Ebene Blechzuschnitte sind an zwei gegenüberliegenden Seiten in drehbare Klemmbacken gespannt. Umformung erfolgt durch gegen das Blech gepreßte Formstempel (Bild 3.6.1). Unter Kraftzunahme wird das Blech gereckt und legt sich unter dem Zwang der inneren Zugspannungen vollständig an die Formkonturen des Stempels an. Tiefere Sicken, scharfe Kanten und große Einbuchtungen im Fertigteil werden häufig manuell mit Spezialwerkzeugen sauber

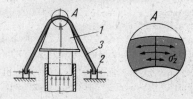

Bild 3.6.1. Reckziehen
1 Formstempel; 2 Spannstelle; 3 Werkstück

43

ausgeformt. Erreichbarer Umformgrad wird durch maximal aufbringbare Umformkraft bestimmt. Diese ist abhängig von Abmessung und Zugfestigkeit des Zuschnitts sowie vom Einspannwinkel zwischen Werkstück und Werkzeug.

Anwendung

Geformte Blechteile mit großen Abmessungen und verhältnismäßig schwacher, aber allseitiger Wölbung bei Kleinserienfertigung. Werkstücke aus Tiefziehblech (Stahl, Aluminium und Aluminium-Magnesium-Legierungen) mit hoher Dehnung und Zugfestigkeit.

Beispiele: Bleche für die Rumpf- und Tragflächenhaut von Flugzeugen, für den Boots- und Karosseriebau (Kotflügel, Abdeckhauben, Verkleidungen).

Gegenüber Tiefziehen hat Reckziehen folgende Vorteile:

- geringere Werkstoff- und Fertigungskosten für die Werkzeuge.
- Vorhandene Pressen und Spannvorrichtungen sind durch einfache Umbauten anwendbar.
- Verfahren für Klein- und Großserienfertigung geeignet.

Nachteilig ist der relativ große Abfall beim Beschneiden nach dem Umformen.

3.7. Umformen durch Biegekraft

3.7.1. Definition

Die Form fester Körper wird durch angreifende Biegekräfte plastisch verändert.

Äußere Kräfte erzeugen am Werkstück ein Biegemoment, das im Inneren des Werkstücks Druck- und Zugspannungen hervorruft. Diese sind — zumindest örtlich — größer als die Elastizitätsspannung des Werkstoffs, so daß ein Fließen von Werkstoffteilchen stattfindet. Dadurch wird die Winkelstellung eines Teiles des Werkstücks (Bleche, Drähte, Profile) zu anderen Teilen des Werkstücks bleibend geändert.

Arbeitsschutz an Umformmaschinen beachten!

3.7.2. Biegen

Arbeitsmittel

Je nach Art und Stückzahl der Werkstücke und nach Fertigungsart (Einzel-, Serien-, Massenfertigung) sehr unterschiedlich.

Handbiegemaschine: manuelle Betätigung, Hebelwirkung, für Einzelfertigung und Kleinserien.

Rohrbiegemaschine: manuelle und maschinelle Betätigung, für verschiedene Biegeradien verstellbar. Füllmaterial zur Vermeidung von Ausknickungen und Faltungen in der Biegezone. Für Einzelfertigung und Kleinserien.

Umschlagblock: handwerkliches manuelles Biegen von Einzelteilen. Stets in Verbindung mit Spanneinrichtung, meist Schraubstock. Biegewinkel im Block eingeprägt (s. Umschlagbiegen).

Abkantmaschine: manuelles Biegen um gerade Biegekanten, Biegewinkel einstellbar, Biegeradius durch auswechselbare Biegeschiene veränderbar (s. Abkanten).

Abkantpresse: liefert Umformkraft. Werkzeug besteht aus Ober- und Unterteil mit eingeprägter Werkstückendform. Für Massenfertigung (s. Abkanten).

Profiliermaschine: durch entsprechend geformte und angeordnete Walzen erfolgt Biegung stufenweise, Verstellbarkeit gewährleistet umfangreiche Anwendung (s. Profilieren).

Rollbiegemaschine: Dreiwalzenanordnung zum Vorschub und zu stetiger Umformung von Blechen. Für Einzelfertigung und Kleinserien (s. Rundbiegen).

Rollwerkzeug: zweiteiliges Werkzeug. Umformkraft durch Presse. Meist extrem kleine Biegeradien (s. Rollbiegen).

Biegewerkzeug: zweiteiliges Werkzeug mit eingeprägter Werkstückendform. Meist für komplizierte Biegevorgänge. Massenfertigung. Umformkraft durch Presse.

Sickenwalze: zweiteiliges umlaufendes Werkzeug mit manuellem oder maschinellem Antrieb. Einzel- und Serienfertigung (s. Sicken).

Richtwerte für die Auswahl der einzusetzenden Arbeitsmittel bei der Herstellung von Profilen aus ebenen Blechzuschnitten durch Biegen um gerade Biegekanten zeigt Tafel 3.7.1.

Tafel 3.7.1. Kriterien für Auswahl der Arbeitsmittel beim Herstellen von Profilen

Merkmal	Abkantmaschine	Abkantpresse	Profiliermaschine
Maximale Blechdicke	12 mm	wird von maximaler Preßkraft bestimmt	20 mm
Maximale Profillänge	3 m	bis zu 15 m	theoretisch unendlich
Angriff des Werkzeugs	gleichmäßig über gesamte Biegelänge	gleichmäßig über gesamte Biegelänge	stufenweise
Anzahl der Arbeitsgänge je Profil	entspricht Anzahl der Biegekanten	meist 0,5 mal Anzahl Biegekanten	ein Durchlauf gleich einem Arbeitsgang
Werkzeugaufwand	gering, unkomplizierter Aufbau	groß, komplizierte Prismenformen	sehr groß, mehrere Walzenpaare je Profil
Umrüstungsaufwand (relativ)	gering	gering	hoch
Arbeitsleistung (relativ)	gering	hoch	sehr hoch

Arbeitsvorgang

Äußere Kräfte wirken über Biegewerkzeug auf das Werkstück ein, erzeugen ein Biegemoment. Im Werkstück entstehen dadurch Biegespannungen, die zunächst eine elastische, bei genügender Größe aber plastische Formänderung (Umformung) bewirken. Werkstoff wird dabei an der Innenseite der Biegung auf Druck und an der Außenseite auf Zug beansprucht, innen gestaucht und außen gestreckt.

Neutrale, spannungsfreie Schicht

Bild 3.7.1. Spannungen in der Umformzone beim Biegen

Zug- bzw. Druckbeanspruchung nimmt in Richtung zum Inneren des Werkstücks ab. Zwischen beiden Beanspruchungsbereichen gibt es eine Schicht, die keinerlei Beanspruchung unterliegt und weder gestreckt noch gestaucht wird (Bild 3.7.1). Diese neutrale Schicht ist für die Rohlingslängenberechnung bedeutsam. Ihre Lage im Werkstück ist abhängig vom Verhältnis Biegeradius zu Blechdicke. Radius der neutralen Schicht an einer Biegestelle ergibt sich:

$$R_N = R + \frac{1}{2} s \text{ für } R \geq 5 \cdot s$$

$$R_N = R + \frac{1}{3} s \text{ für } R < 5 \cdot s$$

R_N Radius der neutralen Schicht
R Biegeradius
s Dicke des Biegeteils

Biegerohlingslänge

Rohlingslänge des Biegeteils ergibt sich aus der Summe aller geraden Teillängen am Fertigteil und aus der Summe aller Längen der neutralen Schicht an den Biegestellen:

$$L = \Sigma l_g + \Sigma l_N$$

Σ Summe
L Biegerohlingslänge
l_g Länge der geraden Teilabschnitte
l_N Länge der neutralen Schicht

Länge der neutralen Schicht

Die Länge der neutralen Schicht ist abhängig von ihrer Lage im Werkstück und vom Biegewinkel:

$$l_N = \frac{\pi \cdot R_N \cdot \alpha}{180°}$$

R_N Radius der neutralen Schicht
α Biegewinkel

Einteilung der Biegeverfahren erfolgt nach

- Lage der Biegung zum Werkstück,
- Arbeitsweise,
- entstehendem Fertigteil.

Abkanten

Mit Abkantmaschine gleichzeitiges Biegen der gesamten Breite eines Werkstücks um eine gerade Biegekante. Biegeradius relativ klein, Biegung fast scharfkantig. Werkstück zwischen Oberwange und Auflage gespannt, überstehender Teil wird durch bewegliche Biegewange an den Biegeradius angelegt. Maximaler Biegewinkel 140° (Bild 3.7.2).
Mit der Abkantpresse wird auf dem Biegeprisma positioniertes Werkstück durch niedergehenden Stößel in entsprechende Aussparung des Prismas gedrückt. Durch entsprechende Gestaltung von Prisma

und Stößel sind zwei und mehr Biegungen bei einem Niedergang des Stößels möglich (Bild 3.7.3).

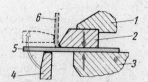

Bild 3.7.2. Abkanten auf Abkantmaschine
1 Oberwange; 2 Schiene mit Biegeradius;
3 Auflage; 4 Biegewange; 5 Ausgangsform;
6 Endform

Bild 3.7.3. Abkanten auf der Abkantpresse
1 Biegestempel (Stößel); 2 Ausgangsform;
3 Endform; 4 Biegeprisma

Umschlagbiegen

Rohteil wird auf Umschlagblock festgeklemmt, über den Biegeradius hervorstehender Teil durch Hammerschläge an den Biegeradius angelegt; fortschreitendes Biegen. Es muß nicht die ganze Länge des überstehenden Teiles an den Biegeradius angelegt werden. Biegekante gerade oder gekrümmt, Biegeradius meist kleiner als 5 mm (Bild 3.7.4).

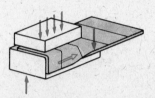

Bild 3.7.4. Umschlagbiegen

Profilieren

In Richtung der Biegekante stetig fortschreitendes Biegen. Ebener Blechstreifen durchläuft ein oder mehrere Profilwalzenpaare (Bild 3.7.5). Komplizierte Profilformen werden stufenweise erzeugt (Bild 3.7.6). Blechdicke bleibt konstant.

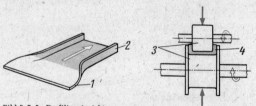

Bild 3.7.5. Profiliereinrichtung
1 Werkstückausgangsform; 2 Werkstückendform; 3 Profilwalzenpaar; 4 Werkstück

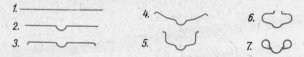

Bild 3.7.6. Arbeitsstufen beim Profilieren eines Felgenprofils

Bördeln

In Richtung der Biegekante stetig fortschreitendes Biegen offener oder geschlossener Blechkanten um gekrümmte oder gerade Biegekanten (Bild 3.7.7). Biegevorgang von Hand, aber auch maschinell.

Sicken

In Richtung der Biegekante stetig fortschreitendes Biegen. Dabei werden in ebene oder gerundete Bleche wulstartige Vertiefungen eingebracht (Bild 3.7.8), die von Kante zu Kante oder nur im Inneren des Bleches verlaufen. Rohrteil wird durch Sickenwalzenpaar geformt, oder Sicken werden durch Sickenhammer und entsprechend geformte Unterlage hergestellt. Blechdicke bleibt konstant.

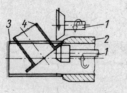

Bild 3.7.7. Bördeln (maschinell)
1 Walzenpaar; 2 Anschlag; 3 Ausgangsform; 4 Endform

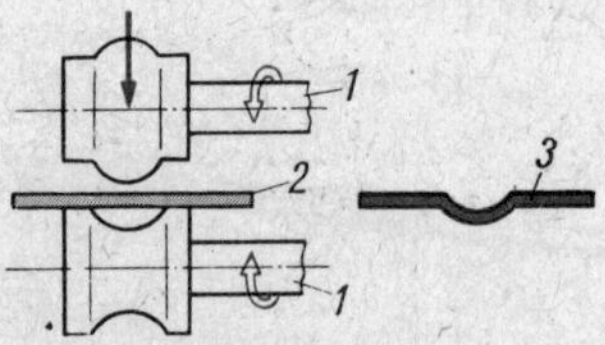

Bild 3.7.8. Sicken
1 Sickenwalzenpaar; 2 Ausgangsform;
3 Endform

Falzen

Gleichzeitiges Biegen um gerade Biegekante, dem Abkanten ähnlich. Biegewinkel größer 150°. Zwei derart vorbereitete Bleche werden ineinander verhakt und zusammengepreßt (Bild 3.7.9).

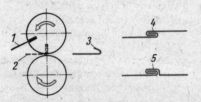

Bild 3.7.9. Vorbereiten und Sichern einer Falzverbindung
1 Ausgangsform; 2 Zwischenform; 3 Endform des Falzes; 4 eingelegter
Falz; 5 gesicherte Falzverbindung

Rundbiegen

In Richtung des Biegeschenkels stetig fortschreitendes Biegen. Beim R u n d b i e g e n i m D u r c h l a u f v e r f a h r e n durchläuft angebogener Blechstreifen 3-Walzen- oder 4-Walzen-System. Erstes Walzenpaar gibt dem Werkstück durch Kraftschluß den Vorschub, nächste Walze oder nächstes Walzenpaar übernimmt (der Einstellung entsprechende) Rundung des Bleches (Bild 3.7.10).
R u n d b i e g e n m i t E i n s p a n n u n g zum Umformen von Rohren und Profilen. Ein Ende des Werkstücks festgespannt, über die Biegerolle hinausstehender Teil wird meist manuell durch Hebelwirkung angelegt (Bild 3.7.11).

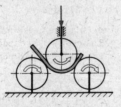

Bild 3.7.10. Rundbiegen mit drei Walzen

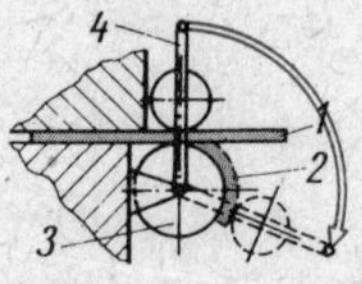

Bild 3.7.11. Rundbiegen mit Einspannung
1 Ausgangsform; 2 Endform; 3 Biegerolle;
4 Biegehebel

Rollbiegen

In Richtung des Biegeschenkels stetig fortschreitendes Biegen (Rollen). Rohteil (Blechzuschnitt) wird durch Werkzeug festgespannt, legt sich durch Kraftwirkung der Presse an die im Biegestempel eingeprägte Rollgravur an (Bild 3.7.12). Werkstück vor dem Rollen bereits an der Kante vorbiegen.

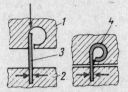

Bild 3.7.12. Rollbiegen
1 Werkzeugoberteil mit Rollgravur;
2 Werkzeugunterteil mit Einspannung;
3 Ausgangsform; 4 Endform

Anwendung

Biegeverfahren werden wegen ihrer Vielseitigkeit in vielen Fertigungsbereichen angewendet.

A b k a n t e n : Herstellen kurzer Profile, Rinnen, Rohre, vorwiegend aus Blechen für den Leichtbau.

P r o f i l i e r e n : lange, komplizierte Profile bei hohen Stückzahlen oder Mengen, Felgen für den Fahrzeugbau, Führungs- und Zierleisten, Profile aus Leichtmetall für das Bauwesen zur Herstellung von Fenstern, Treppengeländern und Türen.

B ö r d e l n : Umformen von Gefäßrändern, Herstellen von Rippen für den Flugzeugbau aus ebenen Blechzuschnitten durch Umkanten an den Konturen.

S i c k e n : Versteifen großer Blechtafeln im Fahrzeugbau (Verkleidungen), Versteifen von Fässern und Behältern, Zierwülste.

F a l z e n : Herstellen formschlüssiger Verbindungen bei Behältern, Büchsen, Rohren, Rahmen aus dünnem Blech.

R u n d b i e g e n : zylindrische oder keglige Mäntel für Behälter, Kessel, Rohre (nahtgeschweißte Rohre).

Runden von Profilen im Bauwesen (Rohrleitungsbau) und Maschinenbau.

R o l l b i e g e n : Einrollen von Gefäßrändern, Einbringen von Drahteinlagen zur Versteifung, Herstellen von Scharnieren.

Anwendung der Biegeverfahren auch bei nichtmetallischen Werkstoffen.

3.7.3. Richten

Arbeitsmittel

Umformkraft manuell oder durch H ä m m e r und P r e s s e n aufgebracht. R i c h t p l a t t e n sichern ebene Auflage. Kurze Profile werden manuell auf zwei P r i s m e n gerichtet. Längere Profile und Bleche durchlaufen R o l l e n r i c h t m a s c h i n e .

Arbeitsvorgang

Auf zwei Prismen oder Rollen gelagertes Werkstück wird durch Umformkraft so umgeformt, daß vorher vorhandene Fehlform beseitigt oder vermindert wird (Bild 3.7.13). Lange Profile durchlaufen eine

Bild 3.7.13. Richten
kurzer Profile
1 Biegestempel;
2 deformiertes Profil

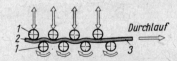

Bild 3.7.14. Richten mit Rollenrichtmaschine
1 Rollengang; 2 Ausgangsform; 3 Endform

Einrichtung aus verstellbar angeordneten Richtrollen und Antriebs-
rollen (Bild 3.7.14). Werkstück wird darin mehrmals hintereinander
umgeformt, wobei Umformgrad ständig verringert wird. Werkstoff
wird dabei abwechselnd gestreckt und gestaucht. Verformung zunächst plastisch, später nur elastisch. Werkstück verläßt gerichtet
das Arbeitsmittel. Infolge mehrfacher Umformung erfolgt ein An-
steigen der Werte für Zugfestigkeit und Streckgrenze.

Anwendung

Richten gewalzter Halbzeuge nach dem Auswalzen im Formwalz-
gerüst.
Richten von durch Transport oder Lagerung gekrümmter Profilstangen, von Wellen und Achsen.

3.8. Umformen durch Schubkraft (Querkraft)

3.8.1. Definition

Plastische Formänderung erfolgt durch von außen aufgebrachte Querkräfte oder Drehmomente, die im Werkstück Schubspannungen hervorrufen.

Querkräfte oder Drehmomente bewirken im Inneren des Werkstücks
Schubspannungen, die bei genügender Größe ein Fließen des Werkstoffs in der Umformzone bewirken.

3.8.2. Verschieben

Arbeitsmittel

Hämmer (maschinell oder manuell), Pressen, Amboß,
Spanneinrichtungen.

Arbeitsvorgang

Verschiedene Querschnitte eines Werkstücks werden gegenseitig versetzt oder einer gegenüber dem anderen durchgesetzt.

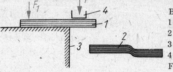

Bild 3.8.1. Schubumformen durch Verschieben
1 Werkstückausgangsform
2 Werkstückendform
3 Auflage
4 Werkzeug
F_1 Spannkraft
F Umformkraft

Anwendung

Durchsetzen von Profilen zur Versteifung und zum Erzeugen von
Anschlägen.
Herstellen von Überlappungsstößen zum Fügen.

3.8.3. Verdrehen

Arbeitsmittel

Hämmer (maschinell oder manuell), Pressen, Amboß
und spezielle Werkzeuge, wie Verdrehgabel, Spanneinrichtungen.

Arbeitsvorgang

Angreifende Torsionsmomente bewirken ein Verwinden oder Verschränken des Querschnitts.

Bild 3.8.2. Schubumformen durch
Verdrehen
1 Werkstück; 2 Auflage
F_1 Spannkraft; M_t Drehmoment

Anwendung   Verwinden von Flachstahl im Bauwesen. Verdrehen von Profilen zur Verbesserung ihrer dekorativen Wirkung (Geländer, Abgrenzungen). Verdrehen von Kurbelwellenzapfen an in einer Ebene geschmiedeten Kurbelwellen.

Weiterführende Literatur

Autorenkollektiv: Grundlagen der Metallurgie. Leipzig: VEB Deutscher Verlag für Grundstoffindustrie.

Autorenkollektiv: Formgebung der Metalle. Leipzig: VEB Deutscher Verlag für Grundstoffindustrie.

Hundeshagen, H.: Kleinschmiede, Arbeitsmittel und Verfahren. Berlin: VEB Verlag Technik.

Nawrotzki: Industrieschmiede. Berlin: VEB Verlag Technik.

Riege: Werkzeuge zum Blechschneiden und Blechumformen. Berlin: VEB Verlag Technik.

Höhme/Schmidt/Teichmann: Schneid- und Umformmaschinen. Berlin: VEB Verlag Technik.

Günther/Lothmann: Ur- und Umformwerkzeuge. Berlin: VEB Verlag Technik.

ERGÄNZUNGEN

Leitwörter	Bemerkungen

4. Trennen

4.1. Definition

Trennen ist Fertigen durch Ändern der Form eines festen Körpers, wobei der Zusammenhalt örtlich aufgehoben wird.

4.2. Einteilung

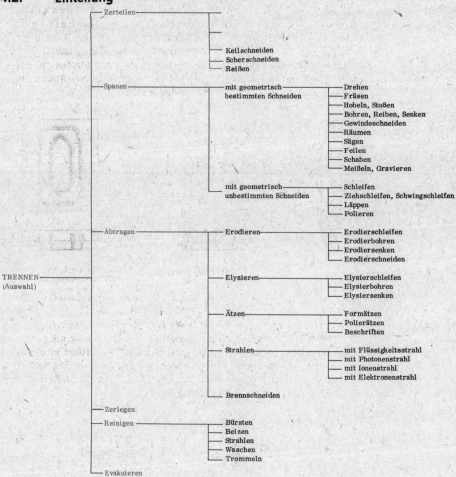

4.3. Zerteilen

4.3.1. Definition

Zerteilen ist das Trennen benachbarter Teile eines Werkstücks oder das Trennen ganzer Werkstücke, ohne daß formloser Stoff entsteht.

Äußere Kräfte wirken durch Werkzeugflächen oder Werkzeugkanten auf das Werkstück ein, dadurch Verformungen. Bei Überschreiten der vorhandenen Festigkeitswerte des Werkstoffs wird am belasteten Querschnitt der Zusammenhalt aufgehoben.

4.3.2. Keilschneiden

Arbeitsmittel

Keilförmige Werkzeuge, wie S c h n e i d r ä d e r , B e i ß z a n g e n , A b s c h r o t e , M e i ß e l (Bilder 4.3.1, 4.3.2); L o c h e i s e n (Bild 4.3.3). Außerdem L o c h z a n g e n , die mehrere Locheisen mit kleinen Durchmessern in Sternrevolveranordnung haben. Ferner M e s s e r s c h n e i d w e r k z e u g e (Bild 4.3.4) als Platten aus Holz oder Plast mit darin befestigten keilförmigen Leisten. Anordnung richtet sich nach dem auszuschneidenden Teil.

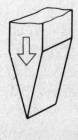   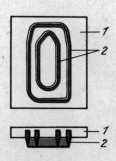

Bild 4.3.1. Keil zum Schneiden Bild 4.3.2. Schneidrad Bild 4.3.3. Locheisen Bild 4.3.4. Messer-
schneidwerkzeug
1 Holzplatte;
2 Schneidleisten

Arbeitsvorgang

Keilförmige Schneide wird auf Werkstoff aufgesetzt. Durch Schlag oder Druck Eindringen in den Werkstoff. Schneide hebt am belasteten Querschnitt Zusammenhalt auf; eindringender Keil führt zu elastischen oder plastischen Verformungen an den Schnitträndern (Bild 4.3.5). Bei wenig elastischen Werkstoffen erfolgt durch Keilwirkung Zerreißen der geschwächten Trennfläche.

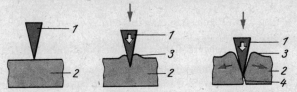

Bild 4.3.5. Schneidvorgang
1 Schneide; 2 Werkstück; 3 Verformung; 4 Riß

Anwendung

Geeignet für weiche Werkstoffe — Leder, Plaste, Gummi, Faserstoffe. Bei Metall nur Folien, dünne Bleche, dünnwandige Rohre, Draht.

4.3.3.   Scherschneiden

(Im allgemeinen Sprachgebrauch wird für Scherschneiden häufig der Begriff Schneiden verwendet, selbst bei Werkzeug- und Verfahrensbezeichnungen.)

Arbeitsmittel

Scherbacken (Bild 4.3.6) an Hand- und Maschinenscheren. Schneidwerkzeuge. Scherschneiden erfolgt durch Schneidstempel und Schneidplatte (Bild 4.3.7).

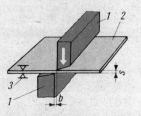

Bild 4.3.6. Scheren
1 Scherbacken; 2 Werkstoff; 3 Lagesicherung für Werkstoff

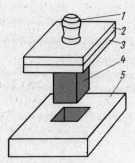

Bild 4.3.7. Freiformschneidwerkzeug
1 Einspannzapfen; 2 Kopfplatte; 3 Stempelhalteplatte; 4 Schneidstempel;
5 Schneidplatte

Arbeitsvorgang

Einlegen des Werkstücks zwischen Scherbacken bzw. Schneidplatte und Schneidstempel. Durch Scherbewegung Trennen in folgendem Ablauf:

1. Anstauchen des Werkstoffs,
2. elastische und plastische Verformungen an der Scherstelle,
3. Rißbildung in der Scherflächenebene, dadurch Schwächung des Querschnitts,
4. Bruch des Scherflächenrestes.

Schneidspalt b (Bild 4.3.6) sichert den Schervorgang und verhindert die Gratbildung am Teil, Größe je nach Werkstoff:

$b = 0,05 \cdot s$ für weiche Werkstoffe
$b = 0,1 \cdot s$ für harte Werkstoffe

b   Breite des Schneidspalts
s   Blech- bzw. Werkstoffdicke

Scherkraft F_s

Die zum Abscheren erforderliche Kraft läßt sich aus der folgenden Gleichung berechnen:

$$F_s = s \cdot l \cdot \tau$$

s   Blech- bzw. Werkstoffdicke
l   Länge der Scherfläche
τ Scherfestigkeit (s. Arbeitstafeln Metall)

Setzt das Arbeitsmittel durch Abschrägung des Scherbackens nicht in der gesamten Scherlänge auf (Bild 4.3.8), wird erforderliche Kraft bis 40 % geringer. Am Werkstück können Verformungen auftreten.

54

Bild 4.3.8. Schrägschliff des Scherbackens

| Maschinenkraft F_m | Sie berücksichtigt die Leistungsverluste durch Reibung und anderes und wird größer als die theoretische Scherkraft: |

$$F_m = 1,2 \cdot F_s$$

F_m Maschinenkraft beim Scheren
F_s Scherkraft

Anwendung

Für metallische Werkstoffe in geringer Dicke, Plaste mit geringer Sprödigkeit, Papier, Karton.

- Scheren: Trennen von Blechtafeln, Beschneiden und Abschneiden.
- Lochen: Erzeugen von Durchbrüchen, auch mit komplizierten Formen, hauptsächlich in Blech- oder Plastteilen (Bild 4.3.9).

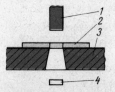

Bild 4.3.9. Lochen
1 Stempel; 2 Werkstück; 3 Schneidplatte;
4 Abfall

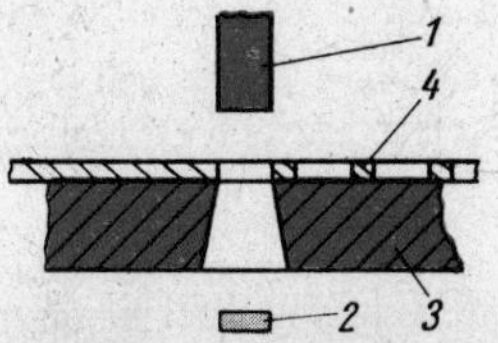

Bild 4.3.10. Ausschneiden
1 Stempel; 2 Werkstück; 3 Schneidplatte·
4 Abfall

- Ausschneiden: Großserien und Massenteile, auch mit komplizierten Außenformen, aus Platten, Streifen oder Bändern (Bild 4.3.10).
- Beschneiden: Entfernen überflüssigen Werkstoffs an Tiefziehteilen (Ziehkanten) sowie an Schmiede- und Preßteilen (Grat).
- Abhacken: Trennen von Streifen, Bändern, Stäben und Stangen mit geradem oder Formschnitt bei Toleranzen über $\pm 0,2$ mm.
- Ausklinken: Heraustrennen von Formstücken an einer Werkstückseite, oft für Gehrungen an Profilen (Bild 4.3.11).

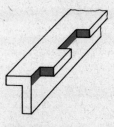

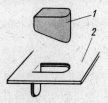

Bild 4.3.11
Ausgeklinktes
Profilstück

Bild 4.3.12. Teil mit
Einschnitt

Bild 4.3.13. Beispiel
für das Stechen
1 Stempel; 2 Werkstück

55

- Einschneiden: begrenzt langer Einschnitt, meist mit gleich-
  zeitigem Biegen eines Lappens (Bild 4.3.12).
- Stechen: Ausschneiden an drei Seiten und Umbiegen an der
  vierten Seite (Bild 4.3.13). Verbindungselement für Blechteile
  bei geringer Belastung.

4.3.4. Reißen

Arbeitsmittel

Gummischneidwerkzeug. Benannt nach Gummipaketen im
Oberteil (Bild 4.3.14). Schneidplatte mit scharfen Innen- oder
Außenkanten bildet auf einfacher Unterlage das Unterteil.
Stechwerkzeug. Oberteil als Nadel mit meist zylindrischem
Querschnitt und kegliger Spitze. Unterteil ist Matrize mit gerun-
deten Kanten (Bild 4.3.15).

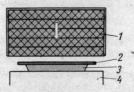
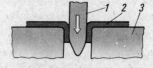

Bild 4.3.14. Gummischneidwerkzeug
1 Gummipakete; 2 Werkstoff; 3 Schneidplatte; 4 Holzplatte

Bild 4.3.15. Durchstechen eines Bleches
1 Stempel; 2 Werkstück; 3 Matrize

Arbeitsvorgang

Zerstören des Werkstoffs durch Überbelastung entlang einer Kante
des Arbeitsmittels oder in beliebiger Richtung mit gleichzeitigen
Umformvorgängen.

Anwendung

Gummischneidwerkzeuge: Aluminium bis 2 mm, Al-Legie-
rungen bis 1,5 mm, Kupfer bis 0,8 mm, Stahl beschränkt bis
0,5 mm, Dichtungsmaterial, mit Folie beschichtetes Papier.
Durchstechen von Blechen (Bild 4.3.15): für Innengewinde,
Düsen oder für Verbindungszwecke (Kragennietung).

4.4. Spanen

4.4.1. Definition

Spanen ist das Abtrennen von Stoffteilchen (Spänen) auf mechanischem
Weg.

Schneidenkeil dringt in Werkstoff ein. Wirkende Kräfte bewirken Ab-
trennen von Spänen, bis geforderte Werkstückform erreicht ist
(Bild 4.4.1). Dazu sind bestimmte Bewegungsverhältnisse zwischen
Werkzeug und Werkstück erforderlich.

Bild 4.4.1. Spanen
1 Schneidenkeil; 2 Span; 3 Werkstück

Schneidengeometrie

Anordnung der Winkel, Flächen und Schneiden des geometrisch bestimmten Schneidenkeils. Zum Teil werden auch geometrisch
unbestimmte Schneidkörper (z.B. Schleifkorn) eingesetzt.

Winkel

Werkzeugwinkel werden am Werkzeug gemessen und in ein rechtwinkliges Werkzeugbezugssystem eingeordnet. Angegeben für Herstellung und Instandhaltung (Bild 4.4.2). Für das Spanen gelten die Wirkwinkel α_{oe}, β_{oe}, γ_{oe}. Sie ergeben sich aus Lageverhältnis Werkzeug-Werkstück und den Bewegungsabläufen im Wirkbezugssystem.

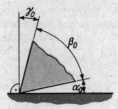 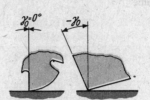

Bild 4.4.2. Werkzeugwinkel am Schneidenkeil

Bild 4.4.3. Besondere Spanwinkel

Freiwinkel α_o

Sichert Schnittwirkung. Großer Freiwinkel – guter Schnitt, aber verminderte Festigkeit des Schneidenkeils und geringere Wärmeabfuhr.

Keilwinkel β_o

Abhängig vom Werkstoff des Schneidenkeils und des Werkstücks. Großer Keilwinkel für feste Werkstoffe und schlechte Wärmeleiter.

Spanwinkel γ_o

Abhängig von Werkstück und Verfahren. Als Ausnahme $\gamma_o = 0^o$ (z.B. Formfräser) oder $\gamma_o < 0^o$ (z.B. gehauener Feilenzahn, Bild 4.4.3). Beeinflußt Spanbildung.

$$\alpha_o + \beta_o + \gamma_o = 90^o$$

Außer den genannten Winkeln gibt es noch spezielle Winkel an den einzelnen Werkzeugen.

Flächen und Schneiden

Art und Anordnung der Flächen am Schneidenkeil bestimmen Lage und Form der entstehenden Kanten, d.h. der Schneiden (Bild 4.4.4).

Spanfläche

Bildet mit Freifläche den Schneidenkeil. Über Spanfläche läuft der entstehende Span ab.

Freifläche

Ist die der Schnittfläche am Werkstück zugekehrte Seite des Schneidenkeils. Beim Schärfen wird sie meist bearbeitet.

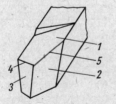

Bild 4.4.4. Flächen und Schneiden an spanenden Werkzeugen
1 Spanfläche; 2 Freifläche der Hauptschneide; 3 Freifläche der Nebenschneide;
4 Nebenschneide; 5 Hauptschneide

Hauptschneide

Kante zwischen Spanfläche und Freifläche. Weist in Vorschubrichtung und trägt in der Regel den Hauptanteil bei der Spanabnahme.

Nebenschneide

Weist nicht in Vorschubrichtung.

Schneidenwerkstoffe

Sehr hoch mechanisch und thermisch beansprucht. Müssen härter sein als zu bearbeitender Werkstoff.

Werkzeugstähle	Unlegiert oder legiert mit Chrom, Wolfram, Molybdän. Warmfest bis 300 $^{\circ}$C.
Schnellarbeits-stähle	Legiert (als SS, HSS) mit Chrom, Wolfram, Molybdän, Vanadium, Kobalt. Zum Teil nur als Plättchen aufgelötet oder aufgeschweißt. Warmfest bis 600 $^{\circ}$C.
Hartmetalle	Aus Wolframkarbid, Tantalkarbid, Titankarbid mit Zusätzen von Kobalt, Nickel, Niob, Tantal gegossen oder gesintert. A l s Plättchen aufgelötet oder geklemmt. Warmfest bis 1000 $^{\circ}$C.
Schneidkeramik	Oxidkeramik gesintert aus reinem Aluminiumoxid Al_2O_3. Oxid-Metall-Keramik enthält Zusätze von Metallen (Mo, V, W). Oxid-Karbid-Keramik ist Al_2O_3 mit Zusätzen von harten Metallkarbiden. Zusätze senken Sprödigkeit. Hohe Schnittgeschwindigkeiten möglich. Schlagempfindlich. Nicht kühlen! Schleifen zu aufwendig, deshalb geklemmte Wendeplättchen.
Superharte Werkstoffe	Übertreffen in der Härte alle vorgenannten Stoffe, auch die herkömmlichen Schleifmittel. Vorwiegend eingesetzt für Feinstbearbeitung bei sehr hohen Schnittgeschwindigkeiten. Entwicklung und Herstellung in der Sowjetunion.

- Naturdiamant und synthetischer Diamant. Warmfest bis 850 $^{\circ}$C.
- Hartes Bornitrid.
- Verbundwerkstoffe (z.B. Hartmetall + synth. Diamant)
- Mischwerkstoffe (Bornitrid und Al_2O_3). Warmfest bis 1500 $^{\circ}$C.

Schnittbewegung	Bewirkt eine einmalige Spanabnahme während eines Hubes oder einer Umdrehung.
Schnittgeschwindigkeit v	Quotient aus Schnittweg durch Zeit. Ihre Größe ist abhängig vom Werkstoff der Schneide und des Werkstücks, vom Verfahren, von Standzeit und Spanungsbedingungen (z.B. Kühlung, Maschinenleistung). In Tabellen angegeben (s. Arbeitstafeln Metall). Dient zur Berechnung der einzustellenden Dreh- oder Hubzahl.
Vorschubbewegung	Sichert mehrmalige oder stetige Spanabnahme während mehrerer Hübe oder Umdrehungen. Wird schrittweise oder stetig ausgeführt. Kann in einer Richtung wirken oder aus verschiedenen Komponenten zusammengesetzt sein.
Vorschub s	Größe der Vorschubbewegung in Millimeter für einen Hub oder eine Umdrehung. Beim Schruppen groß, beim Schlichten klein. Abhängig von den Werkstoffen der Schneide und des Werkstücks und vom Verfahren (s. Arbeitstafeln Metall).
Zahnvorschub s_z	Größe des Vorschubs für eine Schneide bei mehrschneidigen Werkzeugen, bezogen auf eine Umdrehung bzw. einen Hub. In Tabellen angegeben (s. Arbeitstafeln Metall). Dient zur Vorschubberechnung.

$s = s_z \cdot z$

s Vorschub
s_z Zahnvorschub je Zahn
z Anzahl der Schneiden (Zähne)

Vorschubgeschwindig-keit v_f	Geschwindigkeit des Werkzeugs in Vorschubrichtung (Werkstück wird dabei als stillstehend angesehen): $$v_f = s \cdot n$$ v_f Vorschubgeschwindigkeit s Vorschub n Drehzahl oder Hubzahl
Anstellbewegung	Führt Werkzeug vor dem Spanen an das Werkstück heran.
Zustellbewegung	Legt die Dicke der abzuspanenden Schicht im voraus fest.
Nachstellbewegung	Bezeichnet Korrekturbewegungen; notwendig z.B. durch Werkzeug-verschleiß.
Wirkbewegung	Führt zur fortlaufenden Spanabnahme. Resultierende aus Schnittbewegung und Vorschubbewegung. In der Ausnahme ist Schnittbewegung gleich der Wirkbewegung (z.B. beim Räumen).
Kräfte	Erforderlich für die Verwirklichung der Bewegungen des Schneidenkeils und die dabei zu leistende Arbeit. Sie wirken auf das Werkzeug und in gleicher Größe, aber entgegengesetzter Richtung auf das Werkstück (Bild 4.4.5). Wichtig für Werkzeugkonstruktion und Festspannen der Werkstücke.

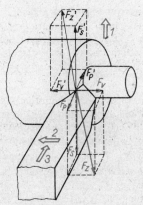

Bild 4.4.5. Kräfte beim Spanen
1 Schnittbewegung; 2 Vorschubbewegung; 3 Zustellbewegung

Auf das Werkzeug wirken: F_S Schnittkraft,
                               F_V Vorschubkraft,
                               F_P Passivkraft,
                               F_Z Spanungskraft.

Auf das Werkstück wirken: F_S' Schnittkraft,
                               F_V' Vorschubkraft,
                               F_P' Passivkraft,
                               F_Z' Spanungskraft.

Die Kräfte können in Größe und Richtung veränderlich sein, bei unterbrochenem Schnitt schlagartig auftreten (Bild 4.4.6).

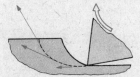 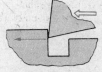

Bild 4.4.6a
Veränderliche Schnittkräfte

Bild 4.4.6b
Schlagartige Schnittkraft

Span

Durch Schneidenkeil abgeschertes Werkstoffteilchen. Meist mehrere preßverschweißte Spanelemente (Bild 4.4.7).

Bild 4.4.7. Spanentstehung

Spanarten

Abhängig von Werkstoff, Werkzeugschneiden und Werkzeugeinstellung, Zustellung, Vorschub und Schnittgeschwindigkeit.

Reißspan

Bei spröden Werkstoffen. Einzelne Werkstoffteilchen brechen unregelmäßig aus.

Scherspan

Bei zähen Werkstoffen und mittleren Schnittgeschwindigkeiten. Mehrere Spanelemente hängen zusammen.

Fließspan

Bei weichen und zähen Werkstoffen und hoher Schnittgeschwindigkeit. Viele Spanelemente hängen aneinander. Gute Oberflächen am Werkstück. Arbeitsschutz beachten!

Spanformen

Abhängig von Verfahren und Spanungsgrößen. Form beeinflußt Spänetransport und Arbeitsschutz. Man unterscheidet: Bandspan, Wirrspan, Schraubenspan, Schraubenbruchspan, Spiralbruchspan, Spiralspanstücke, Spanbruchstücke (s. Arbeitstafeln Metall).

4.4.2. Drehen

Arbeitsmittel

Drehmeißel, vorwiegend standardisiert (national und international). Bezeichnung „rechter" Drehmeißel, wenn die Hauptschneide rechts liegt; analog dazu „linker" Drehmeißel (Bild 4.4.8). (Spanfläche muß nach oben zeigen und Schneidkopf auf den Betrachter weisen; dann Entscheidung, ob linker oder rechter Drehmeißel.)

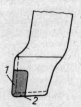

Bild 4.4.8. Linker Drehmeißel
1 Hauptschneide; 2 Nebenschneide

Arbeitsvorgang

Drehen ist Spanen mit meist einschneidigem, geometrisch bestimmtem Werkzeug, das ständig im Eingriff steht. Rotierende Schnittbewegung wird in der Regel vom Werk-

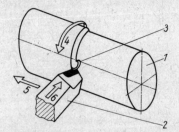

Bild 4.4.9. Drehen
1 Werkstück
2 Werkzeug (Drehmeißel)
3 Span
4 Schnittbewegung
5 Vorschubbewegung
6 Zustellbewegung

stück, Vorschub vom Werkzeug ausgeführt. Werkstücke sind meist rotationssymmetrisch.

Winkel, Flächen, Kräfte am Drehmeißel s. Abschn. 4.4.1.

$$v = d \cdot \pi \cdot n$$

v Schnittgeschwindigkeit
d Durchmesser des Werkstücks
n Drehzahl

Tafel 4.4.1. Drehmeißelarten (Auswahl)

Art	Bemerkungen	Art	Bemerkungen
Gerader Drehmeißel 	zum Längs-, eventuell Plandrehen, hauptsächlich Außendrehen	Breiter Drehmeißel 	zum Überdrehen von Werkstücken bzw. Einstechen von breiten Nuten
Gebogener Drehmeißel 	Verwendung wie gerader Drehmeißel; Vorteil: ohne Umspannen auch zum Plandrehen verwendbar	Abgesetzter Seitendrehmeißel 	universell einsetzbar (Lang-, Plan-, Eckdrehen); besonders zum Drehen von Bunden, Absätzen
Innendrehmeißel 	zum Bearbeiten von Innenflächen	Stechdrehmeißel 	zum Ein- und Abstechen von Werkstücken; Herstellen von Ringnuten (Meißelbreite $\hat{=}$ Nutenbreite $\hat{=}$ Zustellung)
 Innenneckdrehmeißel	zum Bearbeiten von inneren Planflächen	Inneneinstechdrehmeißel 	Einstechen von Nuten in Hohlkörpern, Bohrungen
Spitzer Drehmeißel 	zum Schlichten von Außenflächen		
Gewindedrehmeißel 	einfaches Werkzeug zum Gewindeherstellen; für Innen- und Außengewinde	Gewindestrehler 	besonders für Drehautomaten und Revolverdrehmaschinen; Flach- oder Rundstrehler; Rundstrehler längere Nutzungsdauer

Nach Richtung des Vorschubs und Zustellung entstehen drei Grund-
arten des Drehens.

Langdrehen

Werkzeug um Schnittiefe a zugestellt (radiale Richtung), Vorschub
in axialer Richtung; es entstehen kreiszylindrische Flächen.

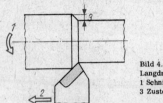

Bild 4.4.10
Langdrehen
1 Schnittbewegung; 2 Vorschub;
3 Zustellung (Schnittiefe)

Plandrehen

Werkzeug um Schnittiefe a zugestellt (axiale Richtung), Vorschub in
radialer Richtung; es entstehen ebene Flächen.

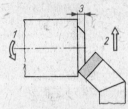

Bild 4.4.11
Plandrehen
1 Schnittbewegung; 2 Vorschub;
3 Zustellung

Einstechdrehen

Schnittbreite a entspricht der Meißelbreite; es entstehen ebene und
zylindrische Flächen. Angewendet, um Ringnuten einzustechen oder
Werkstücke abzustechen.

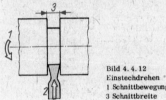

Bild 4.4.12
Einstechdrehen
1 Schnittbewegung; 2 Vorschub;
3 Schnittbreite

Anwendung

Besondere Formen von Körpern entstehen durch sinnvolle Kombination von Längs- und Planvorschub oder bei Verwendung von Form-
meißeln.

Normaldrehen

Verfahren des Außen- und Innendrehens als Lang-, Plan-, Einstech-
und Abstechdrehen, meist auf Drehmaschinen (z.B. Mechaniker-,
Zug- und Leitspindeldrehmaschinen), d.h. ohne Zusatzeinrichtungen
oder Sondermaschinen.

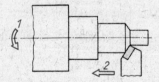

Bild 4.4.13. Normaldrehen am Beispiel
des Langdrehens
1 Schnittbewegung; 2 Vorschub

Formdrehen

Werkzeugschneide hat Gegenform des Werkstücks (Werkzeug = Formspeicher), Form des Werkzeugs wird auf Werkstück übertragen. Oft nur eine Vorschubbewegung (entweder Längs- oder Planvorschub). Für kleine Teile in der Massenproduktion.

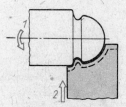

Bild 4.4.14. Formdrehen
1 Schnittbewegung; 2 Vorschub

Gewindedrehen

Im Prinzip Nachformdrehen, wobei Gewinde der Leitspindel als Mustergewinde dient. Steigung des „Mustergewindes" kann durch Wechselräder auf das Werkstück abgewandelt übertragen werden. Art des Gewindeprofils hängt von Meißelform ab. Schnitt- und Vorschubbewegung müssen in bestimmtem Verhältnis stehen; Vorschubbewegung wird durch Leitspindel und Wechselräder bestimmt, entspricht der Steigung des Gewindes (Bild 4.4.15). Innen- und Außengewinde herstellbar. Verfahren relativ teuer, da mehrere Durchgänge notwendig. Eingesetzt bei Einzelfertigung für besonders genaue Gewinde oder Bewegungsgewinde bzw. Gewinde mit großem Außendurchmesser.

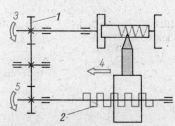

Bild 4.4.15. Gewindedrehen
1 Wechselräder; 2 Leitspindel; 3 Schnittbewegung;
4 Vorschubbewegung; 5 Leitspindelbewegung

Gewindestrehlen

Werkzeuge sind mehrschneidig, dadurch Spanarbeit verteilt, Gewinde in wenigen Durchgängen (1 bis 2) fertig (Bild 4.4.16). Zum Herstellen von Innen- und Außengewinde geeignet.
Mehrere Strehler zu Schneidköpfen zusammenstellbar. Hochproduktives Verfahren, besonders geeignet für Automaten.

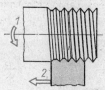

Bild 4.4.16. Gewindestrehlen
1 Schnittbewegung; 2 Vorschubbewegung

Nachformdrehen

Form des Werkstücks nicht im Werkzeug gespeichert, sondern Bewegung des Werkzeugs durch Bezugsformstücke (Schablonen oder Meisterstücke) oder Getriebe zwangsläufig — unmittelbar und mittelbar — gesteuert.

Unmittelbare Steuerung

Taster und Meißel sind unmittelbar verbunden. Taster muß auftretende Schnittkräfte vollständig aufnehmen (Bild 4.4.17), großer Verschleiß am Bezugsformstück. Verfahren: Kegeldrehen mit Leitlineal, Ballig- und Hohldrehen, Drehen von Nocken, Blöcken, Kugeln und Ovalen.

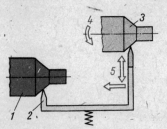

Bild 4.4.17. Unmittelbare Steuerung
1 Meisterstück; 2 Taster; 3 Werkstück;
4 Schnittbewegung; 5 Vorschubbewegung

Kegeldrehen mit Leitlineal

Auf hinterer Maschinenseite Leitlineal, etwa 10...15° nach jeder Seite verstellbar. Gearbeitet wird mit maschinellem Längsvorschub, erforderlicher Planvorschub wird durch Leitlineal erreicht (Bild 4.4.18). Verfahren nur für schlanke Kegel möglich; Länge des Kegels von Länge des Leitlineals abhängig. Geeignet für Serienfertigung.

Kegeldrehen mit Oberschlittenverstellung

Oberschlitten wird um $\frac{\alpha}{2}$ gedreht, Spindel des Schlittens liegt parallel zur Mantellinie des Kegels.

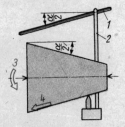

Bild 4.4.18. Kegeldrehen mit Leitlineal
1 Leitlineal; 2 Taster; 3 Schnittbewegung;
4 Vorschubbewegung

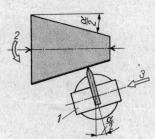

Bild 4.4.19. Kegeldrehen mit
Oberschlittenverstellung
1 Oberschlitten; 2 Schnittbewegung;
3 Vorschubbewegung

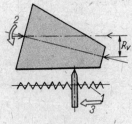

Bild 4.4.20. Kegeldrehen mit
Reitstockverstellung
1 Zugspindel; 2 Schnittbewegung; 3 Vorschubbewegung

Kegeldrehen mit Reitstockverstellung

Reitstock wird seitlich verschoben, so daß Mantellinie des Kegels parallel zur Zugspindel liegt; deshalb kann auch mit maschinellem Längsvorschub gearbeitet werden. Nur für schlanke Kegel.

Hinterdrehen

Radiale Bewegung des Drehmeißels durch besondere Getriebe (Hubscheibe) gesteuert. Hubscheibe schiebt Schlittenoberteil mit Werk-

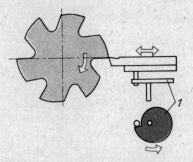

Bild 4.4.21. Hinterdrehen
1 Hubscheibe

zeug langsam gegen zu hinterdrehendes Werkstück und geht ruckartig zurück (Bild 4.4.21). Hubscheibe dreht sich für jede zu fertigende Lücke einmal. Hauptsächlich zum Hinterdrehen von Werkzeugen, z.B. Fräsern.

Mittelbare Steuerung Taster und Meißel sind mittelbar mechanisch miteinander verbunden. Zwischen beiden Hilfseinrichtung (Verstärker). Schnittkraft am Meißel unabhängig von Tastkraft. Taster wird mit geringer Anpreßkraft an Meisterstück oder Schablone gedrückt, dadurch geringerer Verschleiß des Bezugsformstücks. Meisterstück oder Schablone wirken als Formspeicher. Steuerung hydraulisch, pneumatisch, elektrisch oder in Kombinationen.

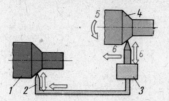

Bild 4.4.22. Mittelbare Steuerung
1 Meisterstück; 2 Taster; 3 Verstärker; 4 Werkstück;
5 Schnittbewegung; 6 Vorschubbewegung

Mehrkantdrehen Werkzeug (Messerkopf) dreht sich in gleicher Richtung wie Werkstück. Drehzahlen müssen in bestimmtem Verhältnis stehen.
Wird   1 Meißel verwendet, entstehen 2 Flächen.
Werden 2 Meißel verwendet, entstehen 4 Flächen.
Werden 3 Meißel verwendet, entstehen 6 Flächen.
Bei einem neueren Verfahren steht Werkstück still, Messerkopf bewegt sich um das Werkstück. Mehrkantdrehen ist ein wirtschaftliches Verfahren, z.B. beim Herstellen von Kronenmuttern.

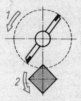

Bild 4.4.23. Mehrkantdrehen
1 Schnittbewegung; 2 Vorschubbewegung

4.4.3.   Fräsen

Arbeitsmittel Fräswerkzeuge. Unterschiedliche Gestaltung und Anordnung der Schneidkeile entsprechen den Forderungen an Form, Maß, Lage der zu bearbeitenden Flächen (Tafel 4.4.2).

Arbeitsvorgang Fräsen ist Spanen mit einem meist mehrschneidigen, geometrisch bestimmten rotierenden Werkzeug. Die Schneiden stehen nicht ständig im Eingriff.

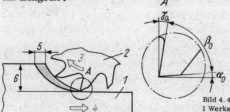

Bild 4.4.24. Fräsen
1 Werkstück; 2 Werkzeug; 3 Schnittbewegung;
4 Vorschubbewegung; 5 Zahnvorschub;
6 Eingriffsgröße (e)

65

Art	Bemerkungen	Art	Bemerkungen
Walzenfräser	gerad- oder schrägverzahnt; Bearbeiten ebener Flächen	Winkel- und Prismenfräser	Herstellen von Winkelführungen oder prismatischen Führungen
Walzenstirnfräser	Bearbeiten ebener Flächen, die senkrecht oder eben und rechtwinklig zur Werkzeugachse liegen		
		Formfräser	Herstellen maßgerechter profilierter Flächen; Fräserzähne sind hinterdreht und hinterschliffen; dadurch wird Form beim Nachschleifen nicht beeinflußt
Fräskopf	Bearbeiten ebener Flächen; durch entsprechende Einstellwinkel können auch Flächen bearbeitet werden, die unter bestimmtem Winkel stehen (Eckfräsen)		
		Schaftfräser	Fräser haben Schaft als Aufnahmeteil (Schaft zylindrisch oder keglig), werden benutzt, um kleinere Flächen oder Formen herzustellen. Langlochfräser: Herstellen von Keil- und Paßfedernuten oder Langlöchern Gesenkfräser: Herstellen von Gesenken und anderen Formstücken (auch Nachformfräsen) T-Nutfräser: Herstellen von T-Nuten
Scheiben- und Nutenfräser	Herstellen durchgehender gerader Nuten und Schlitze Scheibenfräser, geradverzahnt: Nuten geringer Länge und geringer Maßgenauigkeit Scheibenfräser, kreuzverzahnt: Nuten größerer Länge und Tiefe (mit auswechselbaren Messern größere Arbeitsproduktivität) Nutenfräser, kreuzverzahnt und hinterdreht: Nuten mit größerer Genauigkeit	Satzfräser	Herstellen von mehreren Flächen gleichzeitig, Zusammenstellen mehrerer unterschiedlicher Fräser

$$v = d \cdot \pi \cdot n$$

v Schnittgeschwindigkeit
d Fräserdurchmesser
n Drehzahl

Fräsen kann in oder entgegen Drehrichtung erfolgen.

Gegenlauffräsen Fräsen entgegen Drehrichtung. Span wird an dünnster Stelle angeschnitten. Werkzeug gleitet auf Werkstück (daher blanke, wellige Oberfläche) und versucht, Werkstück abzuheben (Bild 4.4.25).

Gleichlauffräsen Fräsen erfolgt in Drehrichtung. Span wird an dickster Stelle angeschnitten, zuletzt abgerissen (matte, rauhe Oberfläche). Werkzeug drückt Werkstück an; für dünne Teile geeignet (Bild 4.4.26). Arbeitsproduktivität im Vergleich zum Gegenlauffräsen höher; es kann mit größeren Schnittgeschwindigkeiten und Vorschüben gearbeitet werden. Der Frästisch darf kein Spiel haben.

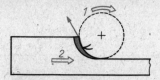

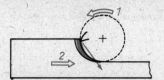

Bild 4.4.25. Gegenlauffräsen
1 Schnittbewegung
2 Vorschubbewegung

Bild 4.4.26. Gleichlauffräsen
1 Schnittbewegung
2 Vorschubbewegung

Anwendung

Fräsen ist vielseitig einsetzbar. Es lassen sich werkzeugabhängige, steuerungsabhängige und zweckabhängige Verfahren unterscheiden.

Stirnfräsen

Späne haben rechteckigen, fast gleichmäßigen Querschnitt; gleichbleibende Schnittkraft. Fräser schneidet mit Umfangs- und Stirnschneiden; größere Spanmenge als Walzfräsen (Bild 4.4.27).

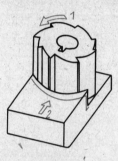

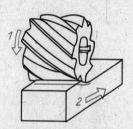

Bild 4.4.27. Stirnfräsen
1 Schnittbewegung
2 Vorschubbewegung

Bild 4.4.28. Walzfräsen
1 Schnittbewegung
2 Vorschubbewegung

Walzfräsen

Späne haben kommaförmigen Querschnitt; unterschiedliche Schnittkraft. Fräser schneidet nur mit Umfangsschneiden (Bild 4.4.28). Siehe dazu auch Gegen- bzw. Gleichlauffräsen.

Normalfräsen

Normales Fräsen auf der Fräsmaschine; für jedes Werkstück muß Arbeitszyklus neu eingeleitet werden. Geeignet für Einzelfertigung (Bild 4.4.29).

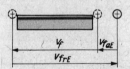

Bild 4.4.29. Normalfräsen

Folgende Bezeichnungen gelten auch für andere Fräsverfahren:

v_f Vorschubgeschwindigkeit während des Fräsens

v_{faE} Eilvorlaufgeschwindigkeit

v_{frE} Eilrücklaufgeschwindigkeit

$$v_f < v_{faE}$$

$$v_f < v_{frE}$$

| Sprungvorschubfräsen | Nur Beginn des Arbeitszyklus wird neu eingeleitet; mehrere gleiche Werkstücke werden nacheinander bearbeitet, bzw. ein Werkstück mit größeren, in der Bearbeitungsebene liegenden Unterbrechungen wird bearbeitet (Bild 4.4.30). Geeignet für Einzelfertigung, Serien- und Massenfertigung. |

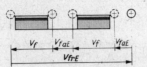

4.4.30
Sprungvorschubfräsen

| Pendelfräsen | Auf einer Frässpindel zwei Fräser mit entgegengesetztem Drall (Bild 4.4.31). Während ein Werkstück gespannt wird, kann ein anderes gefräst werden. Dadurch Zeit für Ein- und Ausspannen in Grundzeit gelegt. Steigerung der Arbeitsproduktivität. Geeignet für Serien- und Massenfertigung. |

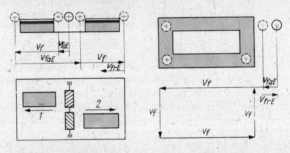

Bild 4.4.31. Pendelfräsen   Bild 4.4.32. Rahmenfräsen

| Rahmenfräsen | Zwei senkrecht zueinander liegende Bearbeitungsrichtungen werden ausgeführt (Bild 4.4.32). Unter anderem geeignet zum Bearbeiten von Gehäusen. |
| Nachformfräsen | Bearbeiten von größeren Stückzahlen nach Meisterstück, das abgetastet wird. |

B e i s p i e l e : Werkzeuge der Urform- und Umformtechnik, Turbinenschaufeln (Bild 4.4.33).

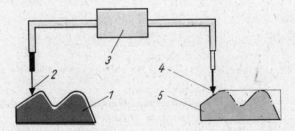

Bild 4.4.33. Nachformfräsen
1 Meisterstück; 2 Taster; Verstärker; 4 Werkzeug;
5 Werkstück

| Langgewindefräsen | Scheibenförmiger Gewindefräser (profilierter Scheibenfräser) oder Werkzeug mit eingesetzten Meißeln (Wirbelkopf) fräst einen Gewinde- |

gang bei einer Umdrehung des Werkstücks, z.B. beim Fertigen von Schnecken und Spindeln (Bild 4.4.34).

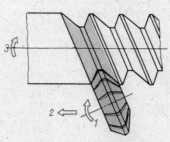

Bild 4.4.34. Langgewindefräsen

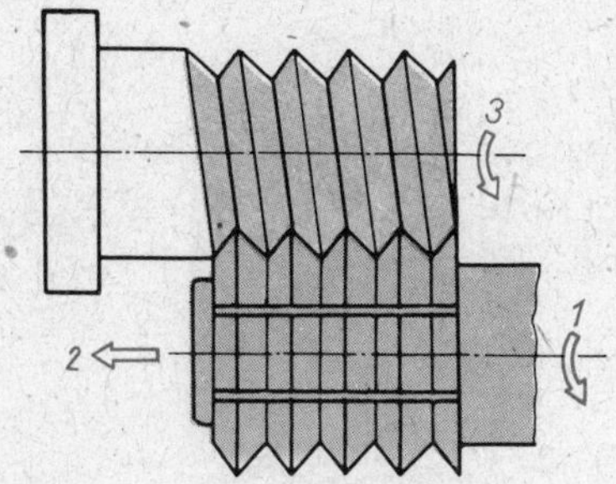

Bild 4.4.35. Kurzgewindefräsen

1 Schnittbewegung
2 Vorschubbewegung des Werkzeugs
3 Vorschubbewegung des Werkstücks

Kurzgewindefräsen

Walzenförmiger Gewindefräser (Mehrprofil-Walzenfräser) fräst alle Gewindegänge bei $1\frac{1}{5}\cdots 1\frac{1}{6}$ Umdrehungen des Werkstücks; größte Werkstücklänge etwa 100 mm. Zum Fertigen von Gewinde für Bolzen und Verschlußstücke im Armaturen- und Fahrzeugbau (Bild 4.4.35).

Zahnformfräsen

Schneidenprofil des Werkzeugs $\triangleq$ Zahnlücke; Werkzeug ist werkstückgebunden. Jede Zahnlücke wird einzeln hergestellt; geringe Form- und Teilgenauigkeit der Zähne. Zum Fertigen von Schneckenrädern und Stirnrädern in kleinen Stückzahlen (Bild 4.4.36).

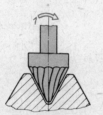

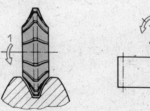

Bild 4.4.36. Zahnformfräsen
1 Schnittbewegung

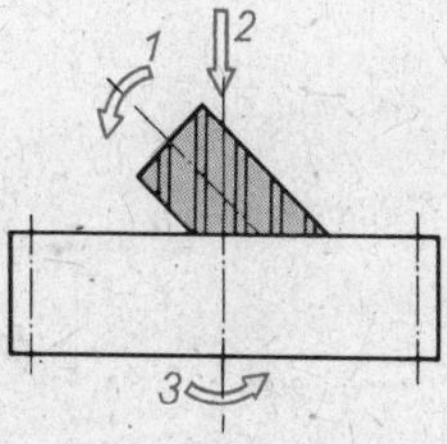

Bild 4.4.37. Zahnwälzfräsen
1 Schnittbewegung; 2 Vorschubbewegung; 3 Werkstückbewegung

Zahnwälzfräsen

Fräser ist mehrschneidiges, schneckenförmiges Werkzeug (Bild 4.4.37). Verzahnen erfolgt kontinuierlich; große Teilgenauigkeit der Zähne; wirtschaftlicher als Formfräsen. Geeignet zum Verzahnen von Stirnrädern, Schnecken, Schneckenrädern, Kerbverzahnungen, Keilwellen.

4.4.4. Hobeln, Stoßen

Arbeitsmittel

Hobelmeißel. Formen entsprechen den verschiedenen Anforderungen an Form, Maße, Lage der Werkstückflächen. Hobelmeißel weisen große Ähnlichkeit mit Drehmeißeln auf (Tafel 4.4.3). Meißel können auch gekröpft sein. Außerdem kann Schneidkeil noch besondere Form aufweisen (Formmeißel).

Arbeitsvorgang

Hobeln bzw. Stoßen ist Spanen mit einem einschneidigen, geometrisch bestimmten Werkzeug, das nicht ständig im Eingriff steht. Beanspruchung durch unterbrochenen Schnitt größer als beim Drehen. Hauptbewegung ist in der Regel geradlinig. Vorschub ist unstetig

Tafel 4.4.3. Hobelmeißelarten (Auswahl)

Art	Bemerkungen	Art	Bemerkungen
Gerader und gebogener Hobelmeißel 	Schruppen von waagerechten, ebenen Flächen	Seiten-hobelmeißel 	Bearbeiten senkrechter Flächen bzw. scharfkantiger Absätze
Schlicht-hobelmeißel 	Schlichten von ebenen Flächen	Stech-hobelmeißel 	Herstellen U-förmiger Nuten, wenn keine zu großen Forderungen an Oberflächengüte gestellt werden
Breitschlicht-hobelmeißel 	Schlichten von ebenen Flächen, größerer Vorschub als Schlichthobelmeißel	Nuten-hobelmeißel 	Herstellen von T-förmigen Nuten, s. Stechhobelmeißel

(ruckartig). Jedem Arbeitshub folgt ein Leerhub. Geschwindigkeit des Arbeitshubs ist kleiner als die des Leerhubs.

Stoßen   Schnittbewegung durch Werkzeug, Vorschubbewegung durch Werkstück.

Hobeln   Schnittbewegung durch Werkstück, Vorschubbewegung durch Werkzeug.
Winkel und Flächen am Meißel s. Abschn. 4.4.2.

$$v_m = \frac{2L}{T}$$

v_m mittlere Geschwindigkeit (s. Arbeitstafeln Metall)
L Hublänge

$$L = l_a + l + l_u$$

l Werkstücklänge
l_a Anlauf
l_u Überlauf

$$T = t_a + t_r$$

T Zeit für Doppelhub
t_a Zeit für Arbeitshub
t_r Zeit für Leerhub (Rückhub)

$$T = \frac{1}{n} \text{ bzw. } n = \frac{2L}{v_m}$$

n Anzahl der Doppelhübe je min

Anwendung

Waagerechtstoßen   Waagerechthobeln   Senkrechtstoßen

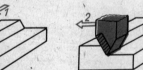   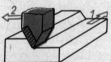 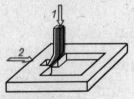

Bild 4.4.38
1 Schnittbewegung;
2 Vorschubbewegung

Bild 4.4.39
1 Schnittbewegung;
2 Vorschubbewegung

Bild 4.4.40
1 Schnittbewegung;
2 Vorschubbewegung

Bearbeiten kleiner bis mittlerer Teile

Bearbeiten langer, schmaler Teile, z.B. Führungsbahnen

Ausarbeiten von Durchbrüchen, Nuten bei vorhandener Bohrung

Formstoßen	Werkzeug führt zwei Bewegungen aus: gerade Schnittbewegung und Schwenkbewegung. Herstellen von Stempeln (Bild 4.4.41).
Pflugscharhobeln	Drei Hobelmeißel befinden sich gleichzeitig im Einsatz; sie sind seitlich gegeneinander versetzt (Bild 4.4.42). Größerer Vorschub, da einzelne Schneiden geringer belastet sind. Verkürzung der t_{Gm}.

  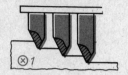

Bild 4.4.41
Formstoßen
1 Schnittbewegung

Bild 4.4.42
Pflugscharhobeln
1 Schnittbewegung

Bild 4.4.43
Stufenhobeln
1 Schnittbewegung

Stufenhobeln	Drei Hobelmeißel gleichzeitig im Einsatz, in der Höhe untereinander versetzt (Bild 4.4.43). Anwendung bei besonders großen Schnitttiefen, Verkürzung der t_{Gm}.
Nachformhobeln	Bearbeiten von Werkstücken mit besonderen Formen nach Schablonen (Bild 4.4.44) bei größeren Stückzahlen.

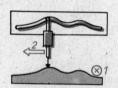 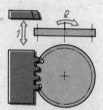 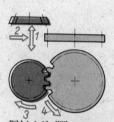

Bild 4.4.44. Nachformhobeln
1 Schnittbewegung;
2 Vorschubbewegung

Bild 4.4.45. Wälz-
stoßen mit Kammeißel
1 Schnittbewegung;
2 Vorschubbewegung

Bild 4.4.46. Wälz-
stoßen mit Schneidrad
1 Schnittbewegung;
2 Vorschub des Werkzeugs;
3 Werkzeug;
4 Vorschub des Werkstücks

Wälzstoßen mit Kammeißel	Mehrschneidiges Werkzeug, zahnrad- oder zahnstangenförmig (Bild 4.4.45). Kammeißellänge meist kleiner als späterer Zahnradumfang. Nach Abwälzen mehrerer Zähne muß erneut geteilt werden, weil Länge des Kammeißels kleiner als Umfang ist. Geeignet zum Verzahnen großer Zahnräder.
Wälzstoßen mit Schneidrad	Schneidrad ist stirnradähnliches Werkzeug. Bei reichlich einer Werkstückumdrehung können alle Zähne fertig sein (pausenloses Wälzverfahren). Auch für Innenverzahnungen (Bild 4.4.46).

4.4.5.   Bohren

Arbeitsmittel	Bohrer. Konstruktion richtet sich nach zu bohrendem Werkstoff, Bohrungsdurchmesser und Bohrungstiefe (Tafel 4.4.4).
Arbeitsvorgang	Bohren ist Spanen mit einem ein- oder mehrschneidigen, geometrisch bestimmten Werkzeug, das ständig im Eingriff steht. Schnittbewegung ist rotierend, Vorschubbewegung geradlinig. Beide Bewegungen werden je nach Maschinenkonstruktion vom Werkzeug oder vom Werkstück ausgeführt. Winkel s. Abschn. 4.4.2.

Tafel 4.4.4. Bohrerarten (Auswahl)

Art	Bemerkungen	Art	Bemerkungen
Spiralbohrer 	Die meisten Bohrungen lassen sich mit normalen Spiralbohrern fertigen; bestimmte Arbeiten verlangen Spezialbohrer, z.B. Tieflochspiral- oder Stiftlochbohrer; diese sind gesondert standardisiert	Einlippenbohrer 	auch als „Kanonenbohrer" bekannt; Herstellen tiefer Bohrungen; eine Bohrung geringer Tiefe muß bereits vorhanden sein; Schnittbewegung erfolgt vom Werkstück
 Mehrfasenstufenbohrer	Herstellen von Bohrung und Senkung in einem Arbeitsgang; Verkürzung der Grundzeit-Maschine und Hilfszeit; Anwendung bei Schraubensenkungen; bereits bei kleinen Stückzahlen wirtschaftlich	Zentrierbohrer 	zum Zentrieren von Werkstücken; Werkzeug ist gleichzeitig Bohrer und Senker
		Kreisschneider 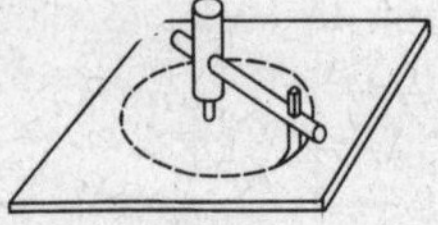	Ausschneiden großer Löcher aus dünnen Werkstücken

ơ (Spitzenwinkel) und γ_0 (Spanwinkel) richten sich nach zu bearbeitendem Werkstoff. Mit Drallsteigungswinkel γ_f (entspricht Steigung der Drallnuten) ändert sich der Spanwinkel. Drallsteigungswinkel ist werkstoffabhängig.

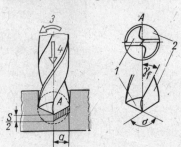

Bild 4.4.47. Arbeitsvorgang Bohren
1 Freifläche; 2 Spanfläche; 3 Schnittbewegung; 4 Vorschubbewegung
a Schnittbreite

$$v = d \cdot \pi \cdot n$$

v Schnittgeschwindigkeit
d Durchmesser des Bohrers
n Drehzahl

Anwendung

Durch Bohren werden zylindrische Innenflächen in Werkstücken hergestellt.

Normalbohren

Herstellen von Grund- oder Durchgangsbohrungen mit Spiralbohrern (Bild 4.4.48).

Aufbohren

Vorgefertigte Bohrung wird vergrößert (Bild 4.4.49). Kann mit Spiralbohrer, Spiralsenker oder Bohrmeißel erfolgen. Richtet sich nach Forderungen an Durchmesser und Qualität der Oberfläche.

Tieflochbohren

Länge der Bohrung entspricht dem Vielfachen des Bohrerdurchmessers ($l \geqq 10 d$); Probleme der Kühlung und Späneabfuhr werden durch Ölzufuhr gelöst. Öl kühlt und spült Späne aus Bohrung (Bild 4.4.50).

Verfahren zum Hohlbohren von Kurbelwellen, Propellerwellen, Laufbohrungen von Waffen.

Für Bohrungen über 30 mm Durchmesser können Kernbohrer verwendet werden; dadurch kann Kern als Werkstück weiter genutzt werden (Bild 4.4.51), die erforderliche Schnittleistung ist geringer.

Bild 4.4.48
Normalbohren
1 Schnittbewegung;
2 Vorschubbewegung

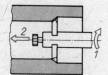

Bild 4.4.49. Aufbohren
mit Bohrmeißel
1 Schnittbewegung;
2 Vorschubbewegung

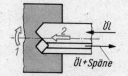

Bild 4.4.50. Tiefloch-
bohren mit Vollbohrkopf
1 Schnittbewegung;
2 Vorschubbewegung

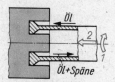

Bild 4.4.51. Tiefloch-
bohren mit Kernbohrer
1 Schnittbewegung;
2 Vorschubbewegung

Zentrieren

Zentrierbohrung ist Aufnahme für Körnerspitze z. B. beim Spitzendrehen; besteht aus zylindrischem und kegligem Teil.

4.4.6. Senken

Arbeitsmittel

Senker. Aufbau und Form richten sich nach Art der Senkung.

Tafel 4.4.5. Senkerarten (Auswahl)

Art	Bemerkungen	Art	Bemerkungen
Kopfsenker 	Senken von zylindrischen Aussparungen, Zapfen dient zur Führung	Spiralsenker 	Erweitern von Bohrungen; Spiralsenker haben mehr Schneiden als Spiralbohrer, dadurch ruhiger Lauf
Zapfensenker 	Siehe Kopfsenker; Zapfen ist auswechselbar, dadurch größere Anwendungsmöglichkeiten	Aufstecksenker 	Aufstecksenker und Aufsteckhalter sind getrennt, dadurch Werkzeugkosten geringer
Spitzensenker 	Herstellen von kegligen Senkungen für Senkschrauben, Niete; zum Entgraten und Anfasen; Senker haben verschiedene Spitzenwinkel 60°, 90°, 120°		

Arbeitsvorgang

Senken ist Spanen mit einem mehrschneidigen, geometrisch bestimmten Werkzeug, das ständig im Eingriff steht.
Bewegungen s. Bohren. Vorgefertigte Bohrungen werden weiterbearbeitet. Senken ist Schrupparbeit.
Schnittgeschwindigkeit ist im allgemeinen kleiner, Vorschub dagegen größer als beim Bohren.

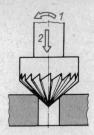

Bild 4.4.52. Arbeitsvorgang Senken
1 Schnittbewegung; 2 Vorschubbewegung

Anwendung

Ansenken   Anflächen von Flanschen oder Naben.

Einsenken   Herstellen von Senkungen für Schrauben, Bolzen, Niete; kann mit Kopf- oder Spitzsenker erfolgen. Entgraten mit Spitzsenker.

Aufsenken   Erweitern von Bohrungen.

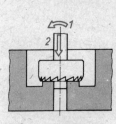 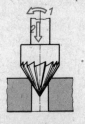 

Bild 4.4.53. Ansenken
1 Schnittbewegung;
2 Vorschubbewegung

Bild 4.4.54. Einsenken
1 Schnittbewegung
2 Vorschubbewegung

Bild 4.4.55. Aufsenken
1 Schnittbewegung;
2 Vorschubbewegung

4.4.7. Reiben

Arbeitsmittel   Reibahlen. Aufbau richtet sich nach Bohrungsdurchmesser, Gestalt der Bohrung und danach, ob mit Maschine oder Hand gearbeitet werden soll (Tafel 4.4.6).

Arbeitsvorgang   Reiben ist Spanen mit einem mehrschneidigen geometrisch bestimmten Werkzeug, das ständig im Eingriff steht.
Die mit anderen Verfahren hergestellte Bohrung muß etwa 0,1 bis 0,2 mm kleiner sein als das aufgeriebene Fertigmaß.
Bewegungen der Reibahle wie beim Bohren. Schnittgeschwindigkeit ist relativ niedrig, Vorschub groß.

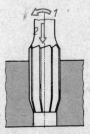

Bild 4.4.56. Arbeitsvorgang Reiben
1 Schnittbewegung; 2 Vorschubbewegung

Tafel 4.4.6. Reibahlenarten (Auswahl)

Art	Bemerkungen	Art	Bemerkungen
Hand-reibahle, unverstellbar	Anschnitt leistet Schnittarbeit; am Schaftende Vierkant zum Aufstecken des Windeisens; Schneidteil ist länger als das der Maschinenreibahle; nur für einen Durchmesser geeignet	Maschinenreibahle, verstellbar	Siehe unverstellbare Maschinenreibahle; zum Bearbeiten mehrerer Durchmesser geeignet
Hand-reibahle, verstellbar	Siehe unverstellbare Handreibahle; zum Bearbeiten mehrerer Durchmesser geeignet	Kegelreibahle	Umfangsschneiden leisten Schneidarbeit; für eine Bohrung werden drei Reibahlen mit unterschiedlichem Schneidenaufbau verwendet
Maschinenreibahle, unverstellbar	Nur Anschnitt leistet Schnittarbeit; kürzeres Schneidteil als Handreibahle; ab Nenndurchmesser 20 mm werden Aufsteckreibahlen verwendet; nur für einen Durchmesser geeignet	Nietlochreibahle	zum Aufreiben von Niet- und Schraubenlöchern

Anwendung   Zum Verbessern der Oberflächengüte und Maßgenauigkeit von Bohrungen; Teile erhalten Paßgenauigkeit. Herstellen geriebener Bohrungen als Lager, zur Aufnahme von Stiften usw.

4.4.8.   Gewindeschneiden

Arbeitsmittel   Werkzeuge mit profilierten, dem zu schneidenden Gewinde entsprechenden Schneiden. Durch Kürzen der ersten Gänge entsteht am Werkzeug der Anschnitt.

Arbeitsvorgang   Bei drehender Hauptbewegung und radialem Vorschub in Größe der Gewindesteigung wird Gewinderille gangweise herausgeschnitten. Spanarbeit erfolgt am Anschnitt des Werkzeugs bzw. des Werkzeugsatzes.

An den Gewindespitzen geringe Umformvorgänge durch Quetschen des Materials, sind bei der Durchmesserwahl der Bohrung und des Bolzens zu berücksichtigen.

Anwendung   Für Innengewinde bis 68 mm Durchmesser; für Außengewinde bis 52 mm. Manuelle Fertigung bei Montage von Einzelteilen, Kleinserien sowie Rohrleitungen. Maschinell für Einzel-, Serien- und Massenfertigung. Bei normalem Werkzeug wird Gütegrad „mittel" erreicht, für „fein" hinterschliffene Werkzeuge erforderlich.

Tafel 4.4.7. Gewindeschneidwerkzeuge (Auswahl)

Art	Bemerkungen
Satzgewindebohrer 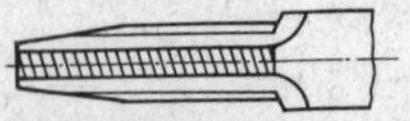	zwei- oder dreiteilig mit verschieden großen Durchmessern; verschieden langer Anschnitt
Maschinengewindebohrer 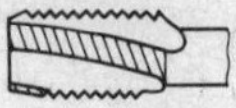	einteilig; verschieden lange Anschnitte; Sonderausführungen mit gedrallten Schneiden
Lippengewindebohrer 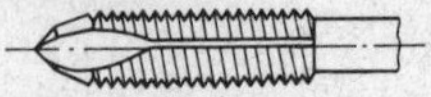	besonders geschliffene Spannut in Länge des Anschnitts
Muttergewindebohrer 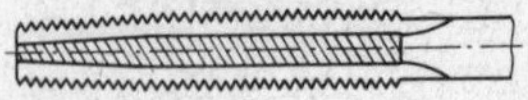	sehr langer Anschnitt; Schaft lang und kleiner als Kerndurchmesser
Spiralgewindebohrer 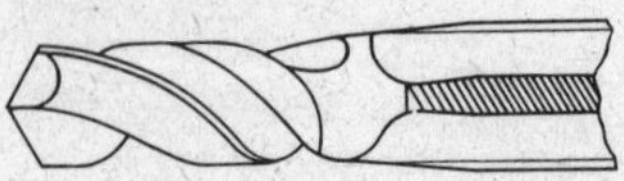	Aufbohren und Gewindeschneiden in einem Arbeitsgang ohne Umspannen, dadurch Wegfall von Hilfszeiten
Gewindeschneideisen 	manuell und maschinell verwendbar; auch geschlitzt mit Nach- und Einstellmöglichkeit
Gewindeschneidköpfe 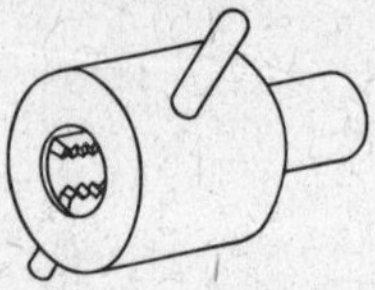	maschinelle Gewindefertigung; Backen schneiden radial oder tangential; selbstöffnend, dadurch schnelles Ausspannen
Gewindeschneidkluppen 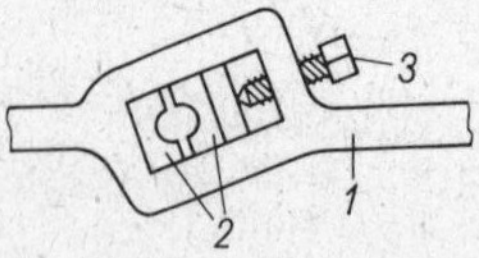	Halter mit radial verstellbaren Schneidbacken zum Nachstellen; 1 Halter; 2 Schneidbacken; 3 Nachstellschraube

Durch Umformverfahren zum Teil verdrängt (s. Tafel 3.4.4). Außerdem auch andere spanende Verfahren rationeller. Für kleine Durchmesser nur wenig durch andere Verfahren zu ersetzen, ebenso bei Montagearbeiten. In automatisierten Arbeitsprozessen anwendbar.

4.4.9. Räumen

Arbeitsmittel

Räumwerkzeuge. In Einzelfertigung hergestellt. Konstruktion abhängig vom Werkstück (Werkstoff, Räumlänge, Räumquerschnitt) und von verwendeter Maschine. Eingeteilt in Außenräumwerkzeuge und Innenräumwerkzeuge (Bild 4.4.57).

Schaft zur Aufnahme in Maschine, zur Übertragung der Kräfte und zur Lagesicherung. Endstück wird vom Zubringer aufgenommen, der das Werkzeug nach Arbeitsgang in Ausgangslage zurückführt. Zahnung besteht aus Schruppteil, Schlichtteil, Glätteil.

Bild 4.4.57. Innenräumwerkzeug
1 Schaft; 2 Endstück; 3 Schruppzähne; 4 Schlichtzähne; 5 Glätteil

Arbeitsvorgang

Werkzeug wird waagerecht oder senkrecht durch bzw. über Werkstück gezogen oder gedrückt.
Form wird in einem Arbeitsgang gefertigt (Bild 4.4.58 b). Staffelung der Zähne (s. Arbeitstafeln Metall) sichert Vorschub (Bild 4.4.58 a). Schneidenkeile des Schruppteils übernehmen Hauptanteil der Zerspanungsarbeit. Schneidenkeile mit kleinerem Frei- und Spanwinkel im Schlichtteil arbeiten mit kleinerem Vorschub nach. Glättelemente verbessern durch Schaben oder Glattdrücken die Oberfläche.

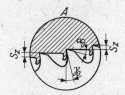

Bild 4.4.58a. Vorschub und Winkel am Räumwerkzeug

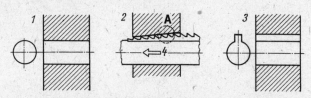

Bild 4.4.58b. Räumvorgang
1 vorgearbeitete Bohrung; 2 Arbeitsvorgang; 3 geräumtes Profil; 4 Schnittbewegung

Anwendung

Herstellung oder Nachbearbeiten (Schlichten) von Innen- und Außenprofilen (Bild 4.4.59) bei großen Stückzahlen; im Sonderverfahren Drallräumen. Flächen werden geschlichtet und erreichen Toleranzen der Qualitäten 6 bis 8. Bearbeiten von Gußkrusten, geschmiedeten und gewalzten Oberflächen möglich.
Bei großem Spanvolumen werden mehrere Räumwerkzeuge nacheinander eingesetzt. Kurze Bearbeitungszeiten.

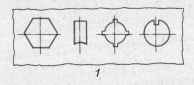

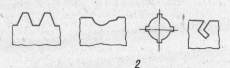

Bild 4.4.59. Beispiele für geräumte Profile
1 Innenprofile; 2 Außenprofile

4.4.10. Sägen

Arbeitsmittel   Vielzahnige, schmale Werkzeuge (Sägeblätter) unterschiedlicher
Konstruktion.

Tafel 4.4.8. Arbeitsmittel zum Sägen (Auswahl)

Ausführungsformen	Kreisförmige Sägeblätter	Bandförmige Sägeblätter
	TGL 29-17 902, 29-17 903	TGL 29-14 827
Zahnung	Vollstahlblätter	nur Vollstahlblätter
	Blätter mit eingesetzten Zähnen	– normale Zahnung
	Blätter mit eingesetzten Segmenten	– für Rohre

Arbeitsvorgang   Vielzahnige Sägeblätter mit möglichst geringer Breite spanen mit
kreisförmiger oder geradliniger Hauptbewegung (Tafel 4.4.9).

Tafel·4.4.9

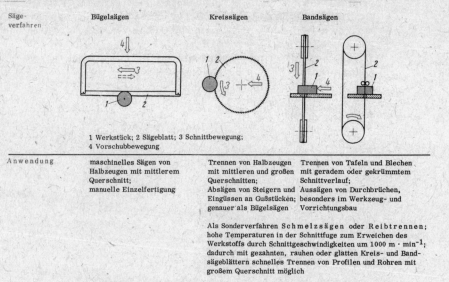

Säge-verfahren	Bügelsägen	Kreissägen	Bandsägen	

1 Werkstück; 2 Sägeblatt; 3 Schnittbewegung;
4 Vorschubbewegung

Anwendung	maschinelles Sägen von Halbzeugen mit mittlerem Querschnitt; manuelle Einzelfertigung	Trennen von Halbzeugen mit mittleren und großen Querschnitten; Absägen von Steigern und Eingüssen an Gußstücken; genauer als Bügelsägen	Trennen von Tafeln und Blechen mit geradem oder gekrümmtem Schnittverlauf; Aussägen von Durchbrüchen, besonders im Werkzeug- und Vorrichtungsbau

Als Sonderverfahren Schmelzsägen oder Reibtrennen;
hohe Temperaturen in der Schnittfuge zum Erweichen des
Werkstoffs durch Schnittgeschwindigkeiten um 1000 m · min^{-1};
dadurch mit gezahnten, rauhen oder glatten Kreis- und Band-
sägeblättern schnelles Trennen von Profilen und Rohren mit
großem Querschnitt möglich

Gesägte Flächen sind überwiegend geschruppt, nicht planparallel und wenig genau

4.4.11. Feilen

Unterschiedlich geformte Werkzeuge mit verschiedenartigen Schneidenkeilen. Angewendet für manuelles und maschinelles Schruppen bis zum Feinschlichten; meist bei Einzelfertigung.
(s. Wissensspeicher „Metallbearbeitung – Werkzeuge und Arbeitstechniken")

4.4.12. Schaben

Arbeitsmittel

Unterschiedliche Schaberformen entsprechen den zu bearbeitenden Flächen. Es wird mit negativem Spanwinkel gearbeitet.

Tafel 4.4.10. Arbeitsmittel zum Schaben (Auswahl)

Art	Bemerkungen	Art	Bemerkungen
Flachschaber  Stoßschaber Ziehschaber	zum Bearbeiten ebener Flächen	Schabrad 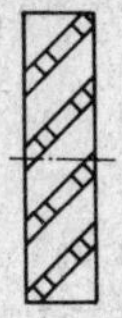	Stirnrad mit kleinen Nuten, schrägverzahnt, zum Schaben von Zahnrädern
Dreikantschaber 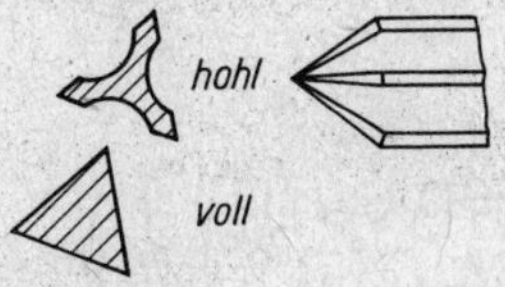 hohl voll	zum Bearbeiten gekrümmter Flächen	Tuschierplatte 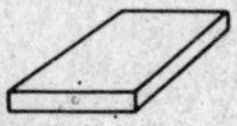	besteht aus verschleißfestem, dichtem Gußeisen, sehr genau bearbeitet; beim Schaben von Lagern werden zum Tuschieren die Wellen verwendet
Löffelschaber 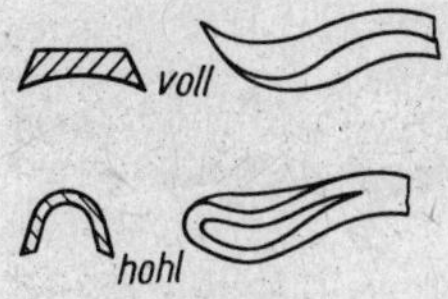 voll hohl	zum Bearbeiten gekrümmter Flächen		

Arbeitsvorgang

Schaben ist Spanen mit einem meist einschneidigen, geometrisch bestimmten Werkzeug, das nicht ständig im Eingriff

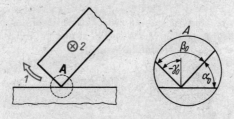

Bild 4.4.60. Schaben
1 Schnittbewegung; 2 Vorschubbewegung

steht. Schnitt- und Vorschubbewegung werden vom Werkzeug ausgeführt. Spanwinkel ist negativ, dadurch kein Schneiden.
Feinste Späne entstehen, hohe Oberflächengüte und Formgenauigkeit. Prüfen der Oberfläche: Tuschierplatte mit Farbe bestreichen, Werkstück auf Tuschierplatte reiben, Farbe reibt sich auf Werkstück ab. Es entsteht Tragbild; man erkennt, wo geschabt werden muß. Nach jedem Schaben neu tuschieren, höchste Punkte wegschaben; Werkstückoberfläche wird Sollfläche immer ähnlicher.

Anwendung

Oberflächengüte und Maßgenauigkeit der Werkstücke werden verbessert. Meist bei Lagern, Führungen, Zahnrädern, Prüfgeräten. Schaben in der Regel Handarbeit, sehr teuer. Durch andere Feinstbearbeitungsverfahren teilweise abgelöst, bzw. schwere Handarbeit durch Maschinenschaben ersetzt. Vorteil geschabter Flächen gegenüber geschliffenen Flächen: Ölfilm hält besser.
Musterschaben verbessert Aussehen, bedeutet nicht Erhöhung der Genauigkeit.

4.4.13.   Meißeln, Gravieren

Meißeln oder Gravieren ist Spanen mit einem einschneidigen, geometrisch bestimmten Werkzeug.
Meißeln gilt als eines der ältesten Fertigungsverfahren; heute durch modernere Verfahren fast verdrängt. Findet nur noch dort Anwendung, wo Hobeln, Fräsen, Räumen nicht angewendet werden können bzw. wo diese Verfahren unwirtschaftlich sind.
Gravieren ist ebenfalls ein traditionsreiches Verfahren zum Herstellen von Innenformen bzw. Beschriften oder Verzieren.

4.4.14.   Schleifen

Arbeitsmittel

Schleifkörper bestehen aus Schleifmittel und Bindemittel und haben poriges Gefüge (Bild 4.4.61). Formen und Größen sind unterschiedlich und in entsprechenden Standards festgelegt (s. Arbeitstafeln Metall).
Schleifmittel sind harte Stoffe in Form von unregelmäßig scharfkantigen Pulver- oder Staubkörnchen. Arten und Größe (Körnung) sind standardisiert. Arten: Korund (kristallines Aluminiumoxid Al_2O_3), Siliziumkarbid SiC, Borkarbid B_4C, Quarz SiO_2 (s. Arbeitstafeln Metall).
Bindemittel schaffen Zusammenhalt zwischen den Schleifmittelkörnern. Art und Menge bestimmen Härte des Schleifkörpers. Arten: keramische Bindemittel (porzellanähnlich), mineralische Bindemittel (Magnesit, Wasserglas, Magnesiumchloridlösung), organische Bindemittel (Natur- und Kunstharze, Gummi, Schellack) (s. Arbeitstafeln Metall).
Poren sind Hohlräume zwischen den Schleifkörnern und dienen als Spanräume. Größe und Anteil bestimmen Gefüge (Textur) des Schleifkörpers (s. Arbeitstafeln Metall).

Bild 4.4.61. Gefügeaufbau von Schleifkörpern
1 Schleifkorn; 2 Bindemittel; 3 Pore

Schleifleinen, Schleifpapier bestehen aus auf Gewebe oder Papier aufgeklebten Schleifmitteln in unterschiedlichen Körnungen in normaler und leicht offener Streuung und werden als Blätter bzw. Rollen, Streifen und endlose Bänder gefertigt.
Diamantwerkzeuge bestehen aus einem stählernen Grundkörper mit einzeln eingesetzten Diamantschneidkörnern oder aufgeklebtem Diamantstaub.

Arbeitsvorgang

Spanabnahme durch gebundene, geometrisch unbestimmte Schneidkörner. Bei Abstumpfen Herausbrechen des Kornes und Freiwerden neuer scharfer Schneidenkeile. Bewegungsformen abhängig vom Verfahren.

Anwendung

Schruppen bis Feinstschlichten aller Werkstoffe.
Erreichbar sind: Rauhtiefen 0,25 ··· 1 µm,
Traganteil 60 %,
Toleranzen der Qualität 4.
Vielseitige Anwendung durch Spezialmaschinen und ständige Entwicklung neuer Schleifkörper gesichert. Mechanisierung und Automatisierung für Massenfertigung möglich, besonders bei Meßsteuerung.
In geringem Umfang durch Umformen ersetzt, z.B. Glattwalzen.

Rundschleifen

Wird eingesetzt bei rotationssymmetrischen Innen- oder Außenflächen mit eingespanntem Werkstück oder spitzenlos im Längs- oder Einstechverfahren (Tafel 4.4.11).

Tafel 4.4.11. Rundschleifverfahren

	Längsschleifen	Einstechschleifen
Mit eingespanntem Werkstück		
außen	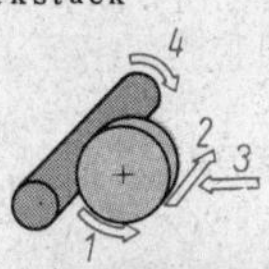	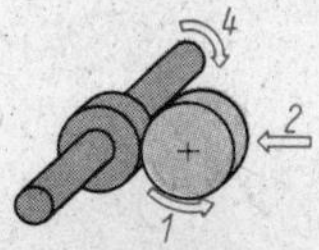
innen	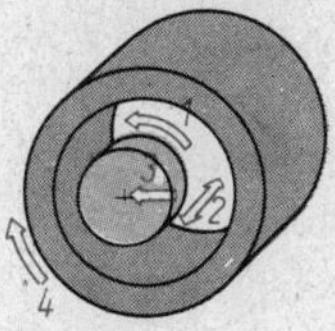	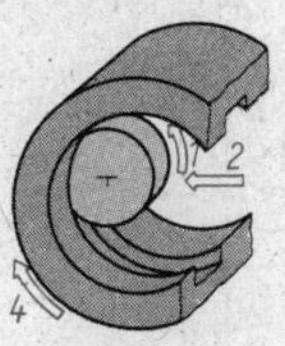
Spitzenlos		
außen	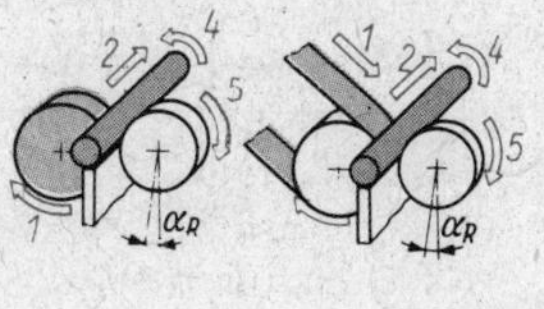	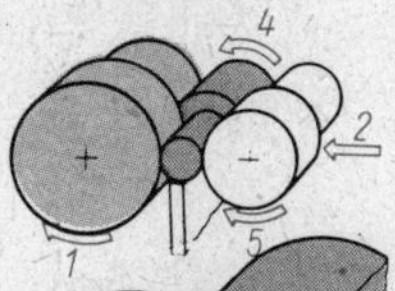
innen		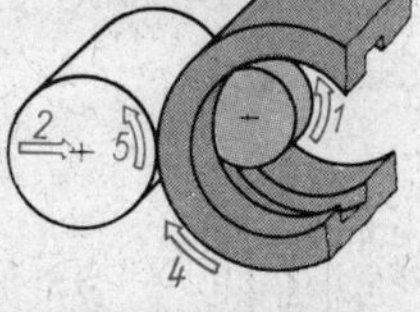

1 Schnittbewegung; 2 Vorschubbewegung; 3 Zustellbewegung; 4 Bewegung des Werkstücks; 5 Bewegung der Regelscheibe

Beispiele: Lagersitze, Lager, Buchsen, Wellen, Rundführungen, Werkzeugschäfte, dichte Gewinde, Bewegungsgewinde bei Stellschrauben, Ventilsitze.

Flachschleifen

Wird eingesetzt beim Schleifen von ebenen Flächen mit einem Teil der Stirnfläche von Schleifscheiben oder Schleifsegmenten, von ebenen profilierten Flächen und ebenen Flächen mit profilierter oder gerader Umfangsfläche von Schleifscheiben, zum Glätten mit Schleifband (Tafel 4.4.12).

Beispiele: Innen- und Außenführungen, Gleit- und Laufflächen, Dichtungsflächen an geteilten Gehäusen, Platten für Schneidwerkzeuge, Werkzeugschneiden (meist auf Sondermaschinen), gerad- und schrägverzahnte Zahnräder, Putzen von Gußteilen und Schweißkonstruktionen.

Tafel 4.4.12. Flachschleifverfahren

Verfahren	Prinzip	Bemerkungen
Umfangsschleifen		
Stirnschleifen		feste Schleifkörper, Ausschleifen bestimmter Formen möglich
	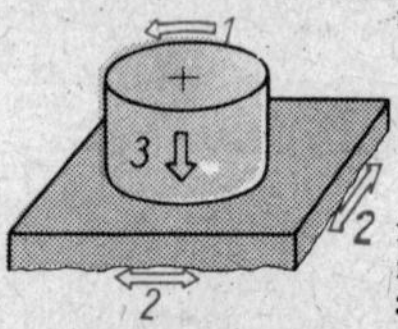	1 Schnittbewegung; 2 Vorschubbewegung; 3 Zustellbewegung
Bandschleifen		Schleifband; im allgemeinen zum Glätten verwandt; Einsatz besonders in der Holzbearbeitung
		1 Schnittbewegung; 2 Vorschubbewegung; 3 Zustellbewegung

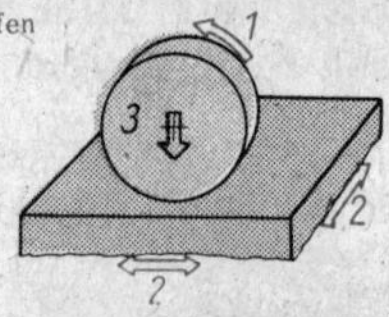

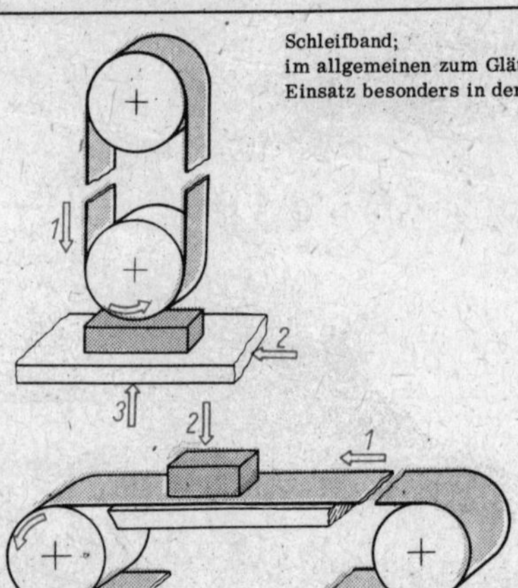

Trennschleifen

Zum schnellen Trennen von harten Werkstoffen mit glatter Trennfläche, ohne Verformungen des Teiles und meist ohne Grat. Schmale Schleifscheiben mit Kunstharz- oder Gummibindung, für Gesteine mit Metallkern oder -skelett, bei Schnittgeschwindigkeiten bis $80 \ \text{m} \cdot \text{s}^{-1}$.

Beispiele: Stabstähle, Steiger und Eingüsse an Gußteilen, Kabel, Seile, Metallschlauch, Keramik, Glas, Gestein.

Sonderverfahren

Teilwälzschleifen von Zahnrädern mit einer oder zwei Scheiben. Scheibe hat ganzes bzw. halbiertes Zahnstangenprofil. Abwälzen einer Zahnlücke, dann Teilen.
Wälzschleifen in ununterbrochenem Eingriff mit schneckenähnlichem Schleifkörper. Nachteil des Teilens entfällt.

4.4.15. Ziehschleifen

Arbeitsmittel

Ziehschleifkörper, keramisch- oder kunstharzgebunden, mit feiner Körnung (32 bis F14), für Feinstbearbeitung mit Graphit. Für Großserien auch diamantbeschichtete Metallkörper. Form von Werkstück abhängig. Ziehschleifwerkzeuge mit Aufnahme der Ziehschleifkörper und Sicherung der Lage, des Anpreßdrucks und der Bewegung.

Arbeitsvorgang

Feine gebundene Schleifkörner werden mit Anpreßdruck von 0,1 bis 1 MPa auf der Werkstückoberfläche bewegt. Je nach Verfahren sind die Bewegungen unterschiedlich; für Feinstbearbeitung zusätzliche Schwingbewegung (Oszillieren bis 8 mm, bis 2000 Doppelhübe je Minute). Vorschub stufenweise in Größen bis 40 μm.

Tafel 4.4.13. Ziehschleifen

Einsatz	Prinzip	Bemerkungen
Innenzylinder		1 Werkstück; 2 Ziehschleifkörper; 3 Schnittbewegung; 4 Vorschubbewegung
		Schleifkörper rotieren im Zylinder und werden dabei axial bewegt
Außenzylinder		1 Werkstück; 2 Ziehschleifkörper; 3 Schnittbewegung; 4 Vorschubbewegung
		Werkstück rotiert, Schleifkörper werden axial zum Werkstück bewegt, außerdem oszillierende Bewegung
Ebene Flächen		1 Werkstück; 2 Ziehschleifkörper; 3 Schnittbewegung, 4 Vorschubbewegung
		Ebener Schleifkörper führt auf Werkstück schwingende oder oszillierende Bewegungen aus

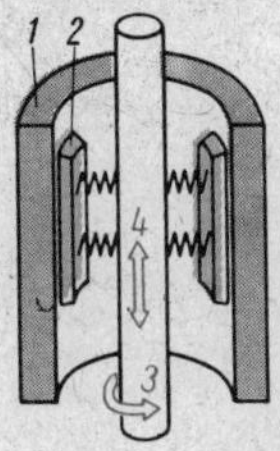

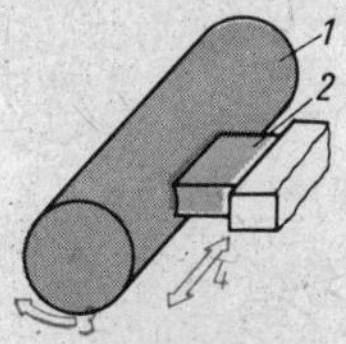

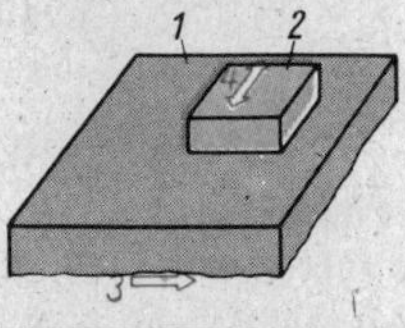

Anwendung

Fein- und Feinstschlichten vorgearbeiteter Flächen. Erreichbare Rauhtiefe bis 0,25 μm, bei Feinstbearbeitung bis 0,08 μm (s. Arbeitstafeln Metall).
Vor- und Fertigbearbeiten mit verschiedenen Anpreßdrücken möglich.

Beispiele: Hydraulikzylinder, Zylinder von Brennkraftmotoren, Kolben, Lager in Pleuelstangen, Bremstrommeln, Wälzlagerteile, Nockenwellen, Zahnflanken (im Abwälzverfahren).

4.4.16. Läppen, Polieren

Arbeitsmittel

Läppmittel, aus Läppkorn und Tragflüssigkeit oder -paste. Läppkorn: feine Körnungen aus Edelkorund, Siliziumkarbid, Eisenoxid, Chromoxid, Wiener Kalk.
Tragflüssigkeit: Petroleum mit Öl, Wasser.

Arbeitsvorgang

Läppen und Polieren sind Spanen mit geometrisch unbestimmtem, losem Korn. Läppmittel wird durch bestimmte Vorrichtungen unter Druck auf Werkstück gebracht und bewegt; kleinste Werkstoffteilchen werden abgespant.
Vorrichtungen können sein: formübertragende Gegenstücke, nachgiebige Scheiben oder Flüssigkeitsstrahl. Läppen und Polieren sind Feinstbearbeitungen.

LÄPPEN MIT GEGENSTÜCK

Gegenstück wird an Werkstück angedrückt, bewirkt mit Hilfe des Läppmittels Werkstoffabnahme. Gegenstück überträgt seine Form auf Werkstück.

Normalläppen

Gegenstück wird maschinell oder manuell bewegt und angedrückt.

Stoßläppen

Werkzeug schwingt kurzhubig; Frequenz liegt im Ultraschallbereich 20···10 kHz; Läppkörner werden vom Werkzeug weggeschleudert, treffen auf Werkstückoberfläche; kleinste Teilchen werden dem Gegenstück entsprechend abgenommen.

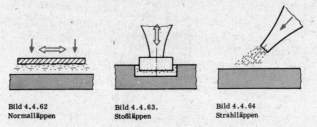

Bild 4.4.62   Bild 4.4.63.   Bild 4.4.64
Normalläppen   Stoßläppen   Strahlläppen

Polieren (Polierläppen)

Werkstück wird an ein meist rotierendes, nachgiebiges Gegenstück, oft Scheibe, gedrückt. Zwischen Gegenstück und Werkstück befindet sich Paste mit Läppkorn.

LÄPPEN OHNE GEGENSTÜCK

Nicht zur Formänderung, nur zur Verbesserung der Oberfläche, auch zum Entgraten geeignet.

Strahlläppen

Läppkorn trifft durch Flüssigkeitsstrahl mit großer Geschwindigkeit auf Werkstück, kleinste Teilchen werden abgespant.

Anwendung
Normalläppen

Es kann flach-, rund-, profil-, innen- und außengeläppt werden. Gegenstück muß entsprechend ausgebildet sein. Formläppen soll Form verbessern, z.B. bei Paßscheiben, Kolbenbolzen. Beim Einläppen sollen sich Werkstücke in Form und Maß angleichen, z.B. Lager und Zapfen, Führungen, Dichtflächen. Erzielbare Genauigkeit IT 2.

Stoßläppen

Werkstoffabtragung relativ klein, deshalb nur Anwendung bei sehr harten Werkstoffen, z.B. Hartmetall, Glas, Quarz usw. Verfahren hat gegenüber Elektroerodieren und Elysieren den Vorteil, daß nichtleitende Werkstoffe bearbeitet werden können.

Polierläppen Es wird nur Oberfläche verbessert bzw. Glanz erzielt.

Strahlläppen Bei verwickelten geometrischen Formen.

4.5. Abtragen

4.5.1. Definition

Abtragen ist das Abtrennen von Stoffteilchen auf nichtmechanischem Weg. Dabei wird der abgetrennte Werkstoff meist verändert.

An der Werkstückoberfläche werden durch c h e m i s c h e oder bzw. und p h y s i k a l i s c h e Vorgänge kleine Werkstoffteilchen oder ihr Zusammenhalt zerstört.

4.5.2. Elektroerodieren

Arbeitsmittel E l e k t r o d e n. Je nach Verwendung von unterschiedlicher Form. Einzeln gefertigt aus Kupfer, Messing, Bronze, Sintermetallen, Aluminium- und Zinklegierungen, Wolfram oder Gußeisen. D i e l e k t r i k u m. Nichtleitende Flüssigkeit. Verwendet werden Öl, Petroleum, destilliertes Wasser.

Arbeitsvorgang Impulsförmiger Gleichstrom (bis 40 V und 400 A) entlädt sich als F u n k e n oder L i c h t b o g e n im D i e l e k t r i k u m zwischen Werkstück (+) und Elektrode (−). An der Auftreffstelle der Entladungen wird Werkstoff des Werkstücks geschmolzen und zum Teil verdampft. Dielektrikum erhöht die Wirkung und schwemmt abgetragenen Werkstoff fort.
Außer Vorschubbewegung führt Elektrode Schwingbewegungen aus (Erhöhung der Abtragleistung und bessere Spülwirkung).

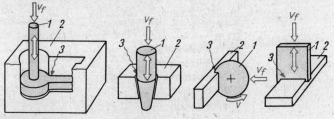

Bild 4.5.1
Erodiersenken
1 Elektrode; 2 Werkstück; 3 Dielektrikum

Bild 4.5.2
Erodierbohren
1 Elektrode; 2 Werkstück; 3 Dielektrikum

Bild 4.5.3
Erodierschneiden
1 Elektrode; 2 Werkstück; 3 Dielektrikum

Anwendung Für harte und feste Metalle geeignet.
B o h r e n und Herstellen von D u r c h b r ü c h e n, auch bei sehr kleinen Querschnitten (Spinndüsen). Einsenken von G r a v u r e n für Gießformen, Preß- und Schmiedegesenke, Prägewerkzeuge.
„T r e n n e n" von Stab- und Stangenmaterial.
Infolge Erweiterung der Urform- und Umformtechnik und des Einsatzes von Hartmetallen wird Anwendungsbereich ständig größer.

4.5.3. Elysieren

Arbeitsmittel

Elektroden als formübertragende Werkzeuge. Einzeln gefertigt aus Kupfer, Messing, Stahl. Für spezielles Verfahren Schleifkörper.
Elektrolyte als stromleitende Flüssigkeiten mit aktiven Ionen. Laugen, Säuren und Lösungen von Salzen (Na, K, B).

Arbeitsvorgang

In einem Gleichstromkreis (bis 20 V und 10 000 A) wird zwischen Werkstück (+) und Werkzeug (−) Elektrolyt wirksam. Am Werkstück entsteht durch elektrolytische Vorgänge Anodenhaut aus Salzen und Oxiden. Diese ist weicher als der Werkstoff und wird durch Abrieb (Schleifkörper) oder Fortschwemmen (Elektrolyt) beseitigt (Bild 4.5.4).
Ohne Beseitigen der Anodenhaut Glätten der Oberfläche, da Elektrolyt nur an den Rauhigkeitsspitzen wirksam wird.

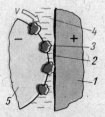

Bild 4.5.4. Elysieren
1 Werkstück; 2 Anodenhaut; 3 Schleifkörper; 4 Elektrolyt; 5 Werkzeug

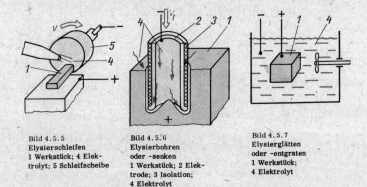

Bild 4.5.5
Elysierschleifen
1 Werkstück; 4 Elektrolyt; 5 Schleifscheibe

Bild 4.5.6
Elysierbohren oder -senken
1 Werkstück; 2 Elektrode; 3 Isolation; 4 Elektrolyt

Bild 4.5.7
Elysierglätten oder -entgraten
1 Werkstück; 4 Elektrolyt

Anwendung

Besonders für harte leitende Werkstoffe geeignet. Erreichbare Oberflächenrauhheit $0,1 \cdots 2\ \mu m$; Toleranzen $10 \cdots 15\ \mu m$.
Schleifen von harten metallischen Werkstoffen;
Einsenken von Gravuren in Formen und Gesenke;
Bohren und Herstellen von Durchbrüchen;
Glätten im Zieh- oder Schwingschleifverfahren oder ohne Werkzeug;
Entgraten.
Hoher Aufwand für Maschinen fordert volle Ausnutzung. Abtragleistungen um $20\ cm^3 \cdot min^{-1}$ sichern ständig steigende Anwendung, besonders für Urform- und Umformwerkzeuge. Günstig beim Schärfen von Werkzeugen, da Erwärmung unbedeutend.

4.5.4. Ätzen

Arbeitsmittel

Laugen oder Säuren.

Arbeitsvorgang

An den Kontaktstellen zerstört das Arbeitsmittel durch chemische Reaktionen den Werkstoff (Tafel 4.5.1). Reaktionsprodukte gehen meist in Lösung.

Tafel 4.5.1. Ätzverfahren

Verfahren	Prinzip	Anwendung
Formätzen	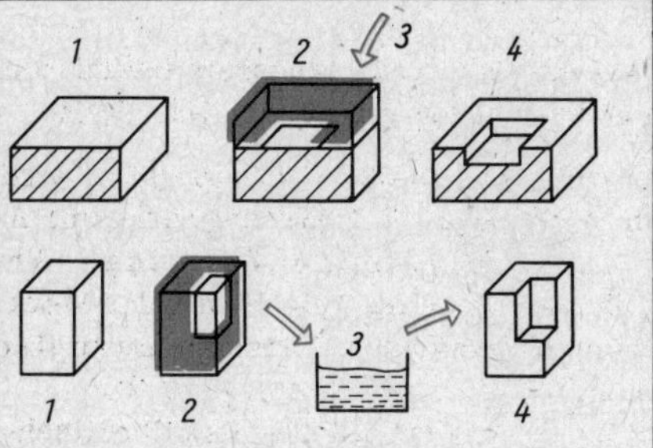	Durchbrüche und Bohrungen an Leichtbauteilen; Herstellen von Präzisionsteilen aus Platten; Vertiefungen, hauptsächlich in Platten für Buchdruck, Leiterplatten und gedruckte Schaltungen; Beschriften von Metall und Glas 1 Rohteil; 2 Schutzschicht; 3 Ätzmittel; 4 Fertigteil
Polierätzen	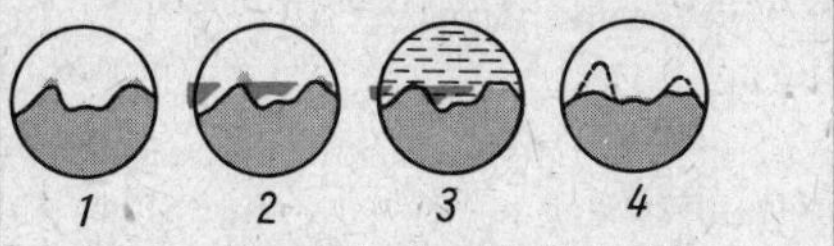	Glätten der Oberfläche durch Wegätzen der Rauhigkeitsspitzen 1 Rohteil; 2 Schutzschicht; 3 Ätzmittel; 4 Fertigteil

4.5.5. Abtragen durch Strahlen hoher Energie

Arbeitsmittel Laserstrahl (Photonenstrahl); Plasmastrahl (Ionenstrahl); Elektronenstrahl; Flüssigkeitsstrahlen.

Arbeitsvorgang Energiereiche Strahlen treffen auf Werkstück, dabei wird elektromagnetische bzw. kinetische Energie in Wärme umgewandelt, führt zum Schmelzen und Verdampfen des Werkstoffs an örtlich begrenzten Zonen.
Bei den genannten Strahlen spricht man von „thermischen Werkzeugen".

Anwendung Schlitze, Bohrungen, Profildurchbrüche von hundertstel bis zehntel Millimeter. Anwendung der folgenden Verfahren auf Spezialgebieten; sie werden nicht die traditionellen spanenden Fertigungsverfahren verdrängen.

Laserstrahlen Kleinste Bohrungen in harten, zähen Werkstoffen, z.B. Diamantziehsteine, Spinndüsen, Bearbeiten von kleinsten Bauteilen; z.B. für Elektronik.

Plasmastrahlen Schmelzschneiden; Plasmaschälen: Guß-, Walzhäute, Schmiedekrusten können am Werkstück abgetragen werden.

Elektronenstrahlen Siehe Laserstrahlen.
Eignet sich besonders zum „Fräsen" kleinster Durchbrüche.

4.5.6. Brennschneiden

Arbeitsmittel Wärmeenergie aus Sauerstoff und Brenngas (s. Arbeitstafeln Metall) entsteht im Schneidbrenner. Dieser enthält Heiz- und Schneiddüse. Düsen können ineinander oder hintereinander liegen. Wärmeenergie aus elektrischem Lichtbogen: Lichtbogen erzeugt Wärme, durch Hohlelektrode wird Sauerstoff geblasen.

Arbeitsvorgang	1. Vorwärmen des Werkstoffs auf Zündtemperatur. Vorwärmen erfolgt durch Gasflamme oder elektrischen Lichtbogen.
	2. Verbrennung (Oxydation) des Werkstoffs durch zugeführten Sauerstoff. Sauerstoff wird durch besondere Düse oder Hohlelektrode zugeführt. Heftige chemische Reaktion.
	3. Oxide durch Sauerstoffstrahl entfernen.
Anwendung	Es können Teile abgebrannt (z.B. Stücke von Stahlträgern) oder ausgebrannt (z.B. Zahnsegmente) werden. Bei komplizierten oder sehr großen Teilen bzw. in der Massenfertigung werden Maschinen fotoelektrisch oder numerisch gesteuert.
	Hauptanwendungsgebiete: Stahl-, Apparate-, Behälter-, Maschinen-, Schiffbau, Stahlgießereien, Schrottbetriebe (s. Arbeitstafeln Metall). Schnittgenauigkeit ist abhängig von der Art der Schnittführung, d.h., ob Hand- oder Maschinenschnitt.
	Grenzen des Verfahrens:
	• Werkstoff muß sich bei Temperaturen unter seinem Schmelzpunkt mit Sauerstoff entzünden und verbrennen.
	• Schmelzpunkt der entstandenen Oxide muß niedriger sein als Schmelzpunkt des Werkstoffs.

4.6. Zerlegen

	Zusammengebaute (gefügte) Werkstücke werden getrennt, ohne Werkstücke zu zerstören.
	Demontieren, Abschrauben, Abziehen, Auseinandernehmen.

4.7. Reinigen

	Oberfläche der Werkstoffe wird von Staub, Oxidschichten, Fett- und Ölschichten, Spänen usw. befreit.
	Die unerwünschten Stoffe werden auf mechanischem oder chemischem Weg von der Werkstückoberfläche getrennt.
Bürsten	Bürsten führen Bewegungen aus. Werkstück wird angedrückt, dabei werden unerwünschte Stoffe auf mechanischem Weg vom Werkstück getrennt. Angewendet für: Entrosten, Blankbürsten von Metallteilen als Vorbehandlung zum Streichen, Vorbereitung zum Galvanisieren.
Beizen	Werkstücke werden durch bestimmte Chemikalien, z.B. verdünnte Schwefelsäure, gereinigt.
	Beizen wird eingesetzt als Vorbehandlung beim Galvanisieren, Entfernen von Zunder bei Walz- oder Schmiedestücken, Beizen von Aluminium, Vorbereiten von Klebeflächen bei Metallteilen.
Strahlen	Auf Werkstücke werden durch Druckluft Sand oder Stahlkörner (Stahlkies) geblasen. Dadurch mechanische Reinigung. Angewendet zum Entfernen von alten Farbschichten, Entrosten von Stahlkonstruktionen als Vorbehandlung zum Streichen, Vorbehandlung zum Galvanisieren.
Waschen	Werkstücke werden mit Wasser, eventuell unter Beigabe von fettlösenden Mitteln oder in Lösungsmitteln gereinigt.
	Angewendet in speziellen Reinigungsanlagen zum Säubern demontierter Aggregate, von Tiefziehteilen u.a.

4.8.   Evakuieren

Hohle Werkstücke werden möglichst gasleer gepumpt.

Angewendet zum Evakuieren von Glühlampenkolben, Elektronenröhren, beim Trocknen und Tränken der Papierisolierung von Hoch-
spannungskabeln.

4.9.   Trommeln (Gleitschleifen)

Kleinere Werkstücke werden zum Reinigen oder Entgraten in Behältern unter Beigabe von bestimmten Stoffen, z.B. Stahlkörnern,
Splitt, Pfirsichkernen u.a., bewegt. Verfahren kann auch ohne Zugabe der genannten Stoffe erfolgen.

Entgraten von Kleinteilen in der Massenfertigung;
Reinigen der Gußteile vom Formsand.

Weiterführende Literatur

Mesch, H./Heger, W.: Aufgabensammlung Fertigungs- und Meßtechnik. Berlin: VEB
         Verlag Technik.

Riege: Werkzeuge zum Blechschneiden und Blechumformen. Berlin: VEB Verlag Technik.

Golz: Spanungstechnik. Berlin: VEB Verlag Technik.

Bührdel/Frömmer: Drehen. Berlin: VEB Verlag Technik.

Naundorf, F.: Fräsen. Berlin: VEB Verlag Technik.

Bührdel/Frömmer: Hobeln, Stoßen. Berlin: VEB Verlag Technik.

Bührdel/Frömmer: Bohren. Berlin: VEB Verlag Technik.

Bührdel/Frömmer: Schleifen. Berlin: VEB Verlag Technik.

ERGÄNZUNGEN

Leitwörter	Bemerkungen

5.   Fügen

5.1.   Definition

Fügen ist das Zusammenbringen von mindestens zwei Werkstücken
oder von Werkstücken mit formlosem Stoff.

5.2.   Einteilung

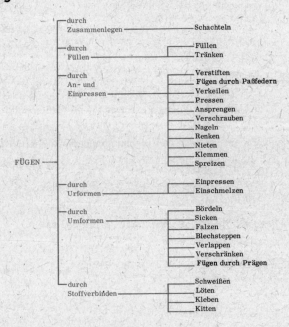

5.3. Zusammenlegen

5.3.1. Definition

Beim Zusammenlegen werden Werkstücke in Funktionslage gebracht, z.B. Auflegen, Einlegen, Einhängen, Ineinanderschieben.

Teile beliebiger Anzahl stützen sich mit P a a r u n g s f l ä c h e n gegeneinander ab.
Zusammenhalt braucht oft nur an e i n e r Stelle gesichert zu werden.

5.3.2. Schachtelverbindung

Arbeitsvorgang

Drei oder mehrere Teile werden so gefügt, daß Lageänderung zueinander unmöglich ist. Zuletzt gefügtes Teil hat noch e i n e n Freiheitsgrad. Sicherung form-, kraft- oder stoffschlüssiger Art hebt d i e s e n Freiheitsgrad auf. Es entsteht lösbare, bedingt lösbare oder unlösbare formschlüssige Verbindung.

Anwendung

Fassungen optischer Linsensysteme, Netzstecker, Bananenstecker, Röhrenfassungen, Spulenkörper, elastische Metallarmbänder. Zunehmende Nutzung, da Einsparung von Sicherungsmitteln und einfache Montage.

Bild 5.3.1. Fassung eines optischen Linsensystems

5.4. Füllen

Definition

Beim Füllen wird ein Hohlkörper mit gasförmigen Stoffen, z.B. Edelgas, oder flüssigen und flüssig bleibenden Stoffen gefüllt oder mit flüssigen, festwerdenden Stoffen getränkt, z.B. Wicklungen.

Gefäße werden mit gasförmigen oder flüssigen Stoffen unter Anwendung der Schwerkraft oder von Druck gefüllt. Werkstücke können mit flüssigen, fest werdenden Stoffen eventuell durch Kapillarwirkung getränkt werden.

5.5. An- und Einpressen

5.5.1. Definition

Beim An- und Einpressen werden Verbindungen durch Verkeilen, Verschrauben, Klemmen oder Schrumpfen herbeigeführt.

Zu verbindende Teile werden durch plastische oder elastische Verformungen mittelbar oder unmittelbar zusammengefügt.

5.5.2. Stiftverbindung

Arbeitsmittel

Bei fluchtenden Bohrungen Spiralbohrer, Stiftbohrer oder
Kegelbohrer (Abschnitt 4.4.5.).
Entsprechend der Stifttoleranzen m6, h9 und h11 wird mit Hand-
reib-, Maschinenreib- oder Kegelreibahlen
(Abschnitt 4.4.7.) aufgerieben.
Fügen von Hand mit Hammer oder maschinell mit Pressen.

Arbeitsvorgang

Stifte werden in gebohrte und aufgeriebene Bohrungen von
zwei oder mehreren Teilen eingedrückt. Es entsteht vorgespannte,
formschlüssige Verbindung. Kraftschlüssige Sicherung wird durch
Übermaß oder Kegligkeit des Stiftes erreicht (Kegel 1 : 50).

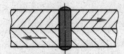

Bild 5.5.1. Stiftverbindung

Anwendung

Teile verbinden; gegen Lösen sichern; vor Überlastung schützen;
drehbar verbinden; bestimmte Lage halten. Spangebende Arbeits-
gänge in Vor- oder Endmontage können zu Unsauberkeit und Unwirt-
schaftlichkeit führen. Deshalb oft andere Verbindungsmittel. Das
Anwenden von Kerbstiften ist wirtschaftlicher, da das Aufreiben
der Bohrung entfällt.

5.5.3. Paßfederverbindung

Arbeitsmittel

Scheiben- und Nutenfräser zum Herstellen der Wellennut für
geradstirnige Paßfedern, Schaftfräser für rundstirnige Paßfedern (s. Abschn. 4.4.3.).
Stechhobelmeißel zum Herstellen von Nabennuten durch Stoßen
oder Räumwerkzeug zum Räumen von Nabennuten (s. Abschnitte
4.4.4. und 4.4.9.);
Vielkeilprofil, Kerbzahnprofil und Evolventenzahnprofil.
Pressen, Hämmer, Vorrichtungen zum Einsetzen der
Paßfedern.

Arbeitsvorgang

Paßfedern (h9) werden in tolerierte Nut von Welle (P9) und Bohrung (P9
oder J9) eingepaßt. Drehmoment wird durch Form der Paßfeder übertragen. Oft ist axiale Verschiebung der mitzunehmenden Teile ge-
stattet. Es entsteht formschlüssige, lösbare Verbindung. Axial muß
die Nabe gesichert werden oder die axiale Verschiebbarkeit wird für
die Schaltvorgänge ausgenutzt.

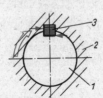

Bild 5.5.2. Paßfederverbindung
1 Welle; 2 Nabe; 3 Paßfeder

Anwendung	Welle–Drehteil–Verbindungen mit hoher Rundlaufgenauigkeit (Zahnräder, Kupplungen, Räder, Riemenscheiben). Gleitfedern bei Längsbeweglichkeit der Naben (Schaltvorgang). Vielkeil-, Kerbzahn- oder Evolventenzahnprofil von Welle und Nabe für hohe Beanspruchungen.

5.5.4. Keilverbindung

Arbeitsmittel

Scheiben- und Nutenfräser oder Schaftfräser zum Herstellen der Wellennut (Abschnitt 4.4.3.). Herstellung der geneigten Nabennut (Neigung 1:100) durch Stoßen mit Stechhobelmeißel (Abschnitt 4.4.4.). Fügen von Hand mit Hammer.

Arbeitsvorgang

Keile verspannen durch zwei gegenüberliegende geneigte Flächen (Bauch- und Rückenfläche) die zu verbindenden Teile gegeneinander (Bilder 5.5.3 und 5.5.4), kraftschlüssige, lösbare Verbindung.

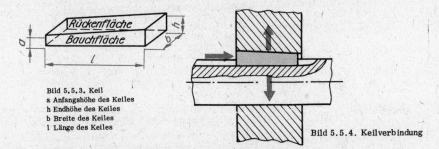

Bild 5.5.3. Keil
a Anfangshöhe des Keiles
h Endhöhe des Keiles
b Breite des Keiles
l Länge des Keiles

Bild 5.5.4. Keilverbindung

Anwendung

Längskeile zur Befestigung von Drehkörpern, z.B. Riemenscheiben auf Welle, Übertragung von Drehmomenten.
Querkeile zum Verbinden von Stangen, Gestänge u. ä. in axialer Richtung.
Stellkeile zum Einstellen von Schubstangenlagern und Führungen; sie wirken quer zur Achse.

5.5.5. Preßverbindung

Arbeitsmittel

Erwärmungseinrichtungen (Tafel 5.5.1), Kühlmittel (Tafel 5.5.2), Pressen.

Tafel 5.5.1. Wärmequellen

Temperatur	Wärmequelle
Bis 100 °C	Wärmeplatte
Bis 365 °C	Ölbad
Bis 700 °C	Gasofen, E-Ofen, offene Gasflamme

Tafel 5.5.2. Kühlmittel

Temperatur	Kühlmittel
Bis −72 °C	Trockeneis (Kohlensäureschnee)
Bis −190 °C	flüssige Luft

Arbeitsvorgang	S c h r u m p f s i t z . Außenteil wird erwärmt. Nachfolgendes Erkalten bewirkt Schrumpfsitz.
	D e h n s i t z . Innenteil wird unterkühlt. Nachfolgendes Erwärmen ergibt Dehnsitz (Tafel 5.5.2).
	V e r p r e s s e n . G e w a l t s a m e s A u f s c h i e b e n des Außenteils auf Innenteil mit etwas größerem Durchmesser mittels Presse in kaltem Zustand beider Teile.
	Gegen „Fressen" Maschinenöl, Fett o.ä.; eventuell Verformung durch Riffelung.
	Innenteil (z.B. Welle) mit Durchmesser d_W hat gegenüber Außenteil (Teil mit Bohrung) d_B ein Übermaß ($U = d_W - d_B$). An Paßfuge entsteht gleichmäßig verteilte Spannung bzw. Flächenpressung, die zu R e i b s c h l u ß (Kraftschluß) zwischen beiden Teilen führt (Bild 5.5.5). Voraussetzung ist genügend elastisches Verhalten des Werkstoffs.

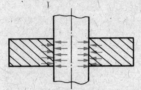

Bild 5.5.5. Preßverbindung

Anwendung	R e i n e P r e ß p a s s u n g für Teile, die genauen zentrischen Sitz und schlagfreien Lauf von Zapfen, Scheiben, Zahnrädern u.ä. verlangen.
	M i t b e s o n d e r e r F o r m g e b u n g (Rändel, Kerbzähne) der verbundenen Teile bei Verbindungen mit größerer Sicherheit gegen Verdrehen.

5.5.6.   Ansprengen

Arbeitsvorgang	Hohe Oberflächengüte, Ebenheit und Sauberkeit ermöglichen das H a f t e n d e r T e i l e a u f G r u n d v o n A d h ä s i o n . Adhäsion (s. Abschn. 5.8.1.) wird durch Zusammenpressen oder gegenseitiges Verschieben, eventuell mit Haftfetten erreicht.
Anwendung	Wird als genauestes Verfahren genutzt, um optische Teile zu verbinden (um z.B. Trennungsflächen vor Feuchtigkeit, angesprengte Teile vor Schlag und Temperaturwechsel zu schützen). Endmaßkombinationen werden auf dieser Basis zusammengefügt.

5.5.7.   Schraubenverbindung

Arbeitsmittel	Gewindebohrer (Abschnitt 4.4.8.), Gewindedrehmeißel oder Gewindestrehler (Abschnitt 4.4.2.) und Gewindewalzen (Abschnitt 3.4.2.4.) zur Herstellung des Gewindes. Verschraubung durch Schraubendreher, Schraubenschlüssel (Maul-, Ring- oder Steckschlüssel), mechanische oder automatische Schraubeinrichtung.
Arbeitsvorgang	Bei m i t t e l b a r e r S c h r a u b e n v e r b i n d u n g erhalten die Verbindungspartner eine Durchgangsbohrung, welche die Schraube aufnimmt. Unterlegscheibe und Mutter vervollständigen die Verbindung.

Die Teile werden zwischen Schraubenkopf und Mutter zusammengepreßt (Bild 5.5.6). Damit kraft- und formschlüssige Verbindung.
Bei unmittelbarer Schraubenverbindung erhalten die zu
verbindenden Teile Außengewinde (Bolzengewinde) und Innengewinde
(Muttergewinde).
Für die Paarungsfähigkeit der Teile müssen die Gewinde überein-
stimmen. Mittelbare und unmittelbare Schraubenverbindungen können
durch Sicherungselemente gegen unbeabsichtigtes Lösen gesichert
werden.
(S.a. Wissensspeicher „Mechanische Bauelemente und Baugruppen".)

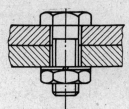

Bild 5.5.6
Schraubenverbindung

Anwendung

Verbindung in allen Gebieten der Technik, wie Verschraubung elektrischer Leiter mit Schaltern, Motoren; im Maschinenbau, Stahlbau
usw.; dichte Verbindung mit elastischen Dichtungsringen und Zwi-
schenlagen; Holzverschraubungen.

5.5.8. Nagelverbindung

Ein oder mehrere Nägel werden quer durch zu verbindende Teile ge-
schlagen. Bei Metallteilen werden Löcher vorgebohrt und Kerbnägel
oder Stifte eingepreßt. Damit teilweise lösbare (kraft- und formschlüssige) Verbindung. Wird angewendet bei Holzverbindung, Ver-
nageln von Blechen, Folien, Leder u.ä.

5.5.9. Renkverbindung (Bajonettverbindung)

Axiales Zusammenstecken und anschließendes radiales Verdrehen ergibt leicht fügbare und leicht lösbare formschlüssige
Verbindung. Gegen selbständiges Lockern zusätzliche Sicherung
durch Form- oder Kraftschluß zweckmäßig.
Angewendet als Verschlüsse (Bild 5.5.7), Fassungen von Glühlampen, für Verbindungen rohr-, dosen- oder flanschförmiger Teile.

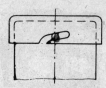

Bild 5.5.7. Deckelbefestigung
durch Renkverbindung

5.5.10. Nietverbindung

Arbeitsmittel

Je nach Verfahren Werkzeuge zur Handhammer-, Druckluft-, Nietpreß- und Maschinennietung.

Arbeitsvorgang

Niete erhalten durch Umformen des Schaftes einen Schließkopf. Bauteile werden durch Kraftschluß (Reibung zwischen den Teilen) und durch Formschluß unlösbar verbunden.

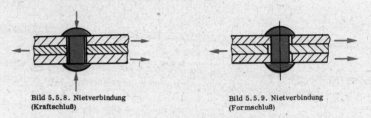

Bild 5.5.8. Nietverbindung
(Kraftschluß)

Bild 5.5.9. Nietverbindung
(Formschluß)

Anwendung

Starre Verbindungen im Maschinenbau (Stahlbau, Behälterbau, Kesselbau, Blechverarbeitung), Feingerätebau (Gehäuse- und Chassisbau).
Nietverbindung wird durch Schweiß- und Klebeverbindung verdrängt.

5.5.11. Klemmverbindung

Arbeitsvorgang

Haftkraft (Reibschluß) wird durch Druck- oder Keilwirkung (z.B. Schrauben mit Keilen, Spreizkonus, Exzenter) erreicht (Bild 5.5.10).
Lösbare kraftschlüssige Verbindung.

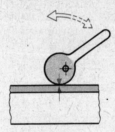

Bild 5.5.10. Exzenter

Anwendung

Schnell lösbare Arretierungen zweier zueinander beweglicher Bauteile, die um eine Achse oder einen Punkt (Kugelgelenk) drehbar oder in Richtung einer Achse verschiebbar angeordnet sein können.
Vorteile: unendlich viele Relativstellungen der Bauteile zueinander möglich.

5.5.12. Spreizverbindung

Form- oder kraftschlüssige Verbindung zweier Bauteile, von denen eines durch elastische oder plastische Verformung in oder auf dem anderen befestigt wird.
Wird angewendet als Gummifuß, Durchführungsbuchsen, Verschlußscheiben, Verlängerung von Rohren, Bolzen und Zapfen, Snap-in-Verbindung (Bild 5.5.11).

Lagesicherung von Wellen oder von Bauteilen auf Wellen, Sicherungs-
ringe, Sprengring, Sicherungsscheibe, Fassungen.

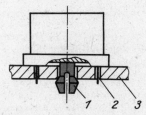

Bild 5.5.11. Snap-in-Fassung eines
elektronischen Bauelementes
1 Snap-in-Verbindung; 2 Lötanschluß-
draht; 3 Leiterplatte

5.6. Fügen durch Urformen

5.6.1. Definition

Beim Fügen durch Urformen werden Teile durch Gießen oder Um-
pressen (um den Körper herum) verbunden.

Entstehende Verbindungen werden auch oft als Einbettungen be-
zeichnet.
Der Werkstoff eines Werkstücks befindet sich in flüssigem oder
teigigem Zustand. Beim Erstarren in Preß- oder Gußform werden
vorher eingelegte Werkstücke umhüllt (eingebettet), so daß eine
feste, unlösbare, form-(stoff-)schlüssige Verbindung entsteht.

5.6.2. Einpressen

Arbeitsmittel

Presse, Preßform und Preßmasse. Preßmasse ist
Mischung aus Kunstharzen (Phenolharze, Harnstoffharze) und Füll-
stoffen (Holzmehl, Gesteinsmehl, Papierschnitzel, Textilschnitzel).

Arbeitsvorgang

Vor Preßvorgang wird einzubettendes Teil in Preßform gelegt. Um-
pressen mit Preßmasse ergibt formschlüssige unlösbare Verbindung.

Anwendung

Elektrische Isolation des einzubettenden Teiles, Einbettung von Ein-
preßmuttern und Einpreßbuchsen, Einbettungen von Vierkant- oder
Sechskantmuttern oder Hutmuttern, Einbettungen von Gewindebolzen
(Bild 5.6.1).

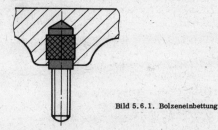

Bild 5.6.1. Bolzeneinbettung

5.6.3.　Einschmelzen

5.6.3.1.　Metalleinschmelzung (Verbundguß)

Arbeitsmittel　　　　Sandguß- oder Druckgußform (s. Abschnitte 2.4.2.1. und
　　　　　　　　　　　　2.4.3.).

Arbeitsvorgang　　　Einlegeteil (Fremdmetall) mit entsprechender Verankerung wird
　　　　　　　　　　　　vor dem Guß (Sandguß, Druckguß) in die Form eingelegt.

Anwendung　　　　　Erhöhung der Festigkeit stark beanspruchter Teile (Gewindelöcher,
　　　　　　　　　　　　Lagerstellen). Lötbares Metall (Kupfer, Messing) in Leichtmetall-
　　　　　　　　　　　　druckguß. Seltene, teure Metalle in Grundkörper aus Guß (Lager,
　　　　　　　　　　　　Bild 5.6.2).

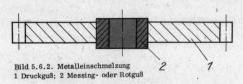

Bild 5.6.2. Metalleinschmelzung
1 Druckguß; 2 Messing- oder Rotguß

5.6.3.2.　Glaseinschmelzung

Arbeitsvorgang　　　Quetscheinschmelzung. Glas wird bis zum dickflüssigen Zu-
　　　　　　　　　　　　stand (Transformationstemperatur) erhitzt und mit ebenfalls erhitz-
　　　　　　　　　　　　tem, aber festem Werkstoff (Metall, Keramik u.a.) unter Druck zu-
　　　　　　　　　　　　sammengefügt. Es entsteht gut haftende Zwischenglasschicht, da
　　　　　　　　　　　　sich Oxidschicht des Metalls oberflächlich in Glas löst.
　　　　　　　　　　　　Fließeinschmelzung. Metallteile werden zunächst mit Glas-
　　　　　　　　　　　　masse umschmolzen und dann in passende Öffnung des Glaskörpers
　　　　　　　　　　　　eingeführt und verschmolzen (Bild 5.6.3).
　　　　　　　　　　　　Besonderheit: Einzuschmelzender Werkstoff muß nahezu gleichen
　　　　　　　　　　　　Wärmeausdehnungskoeffizienten haben wie Glas, da sonst
　　　　　　　　　　　　Spannungen und Risse entstehen können.

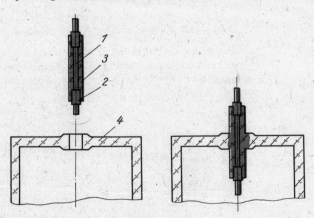

Bild 5.6.3. Fließeinschmelzung
1 Draht; 2 Kupferfolie; 3 Glasumhüllung; 4 Glaskörper

Anwendung　　　　　Chemische und technische Apparaturen, Vakuumtechnik (gasdichte
　　　　　　　　　　　　Leitungsdurchführungen bei Glühlampen, Röhren usw.), medizinische
　　　　　　　　　　　　Geräte.
　　　　　　　　　　　　Anmerkung: Verbindungen zwischen Bauteilen aus Glas und Glas sind
　　　　　　　　　　　　Schweißverbindungen (s. Abschn. 5.8.2.5.).

5.7. Fügen durch Umformen

5.7.1. Definition

Teile werden durch bildsames (plastisches) Ändern ihrer Form gefügt. Masse und Stoffzusammenhalt der Teile bleiben erhalten.

Die Form der zu verbindenden Teile wird durch U m f o r m e n (Falzen, Bördeln, Sicken usw.) so verändert, daß meist eine unlösbare, formschlüssige Verbindung zustande kommt.

5.7.2. Bördelverbindung

Arbeitsmittel

H ä m m e r oder Z a n g e n für Biegevorgang von Hand. R o l l e n oder A b k a n t p r e s s e bei maschinellem Fügevorgang.

Arbeitsvorgang

Eines der zu verbindenden Teile stützt sich im gefügten Zustand am anderen ab und überragt es mit einem Bördelrand. Durch U m b i e - g e n d e s B ö r d e l r a n d s wird Lage in axialer und radialer Richtung durch Formschluß gesichert (Bild 5.7.1). Kraftschluß zwischen den Blechen verhindert Verdrehen.

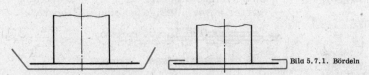

Bild 5.7.1. Bördeln

Anwendung

Verbindung von Blechteilen mit kreisförmig, rechteckig oder kurvenförmig geschlossenem oder offenem Rand. Optische Fassungen (Gratfassungen), Fassungen von Lagersteinen, Blechverpackung, Hohlniete (s. Abschn. 5.5.11.).

5.7.3. Sickenverbindung (Sickverbindung)

Arbeitsmittel

S i c k e n m a s c h i n e mit Sickenwalzenpaar oder S i c k e n h a m m e r mit entsprechend geformter Unterlage.

Arbeitsvorgang

Zwei ineinandergreifende, meist zylindrische Werkstücke werden durch eine S i c k e (Rille, Wulst) formschlüssig in axialer Richtung verbunden (Bild 5.7.2).

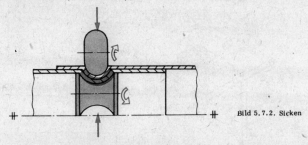

Bild 5.7.2. Sicken

Anwendung

Verbinden von Rohrteilen miteinander, Rohrteil mit scheibenförmigem Abschlußteil, Rohrteil mit Holz, Gummi usw., Rohrteil mit Glas, Keramik usw. bei vorgearbeiteter Nut.

5.7.4.   Falzverbindung

Arbeitsmittel

Hämmer und Umschlageisen beim Umbiegen des Falzes von Hand, Pressen bei maschinellem Arbeiten.

Arbeitsvorgang

Blechränder werden so vorgeformt, daß sie sich ineinanderhaken lassen (Bild 5.7.3). Durch Zusammendrücken des Falzes und Kröpfen wird Verbindung formschlüssig gesichert (Bild 5.7.4). Für große Kräfte kann Falz mehrfach umgelegt werden.

Bild 5.7.3. Zusammendrücken des Falzes   Bild 5.7.4. Kröpfen des Falzes

Anwendung

Verbindung zweier Werkstücke an geraden Rändern. Blechbehälter, blechbedeckte Dächer, Verkleidungen.

5.7.5.   Blechsteppverbindung

Arbeitsmittel

Pressen mit Vorrichtung zum Halten der Klammern.

Arbeitsvorgang

Drahtklammern werden durch Blech gedrückt und umgebogen. Starre, formschlüssige unlösbare Verbindung (Bild 5.7.5).

Bild 5.7.5. Blechsteppverbindung

Anwendung

Verbindung von Metallblechen miteinander oder mit weichen Werkstoffen. Leichtbau, Blechmöbel. Lüfterkanäle, Kartonagen, Verpackung, Isolation.

5.7.6.   Verlappen und Verschränken

Arbeitsmittel

Zange oder Hammer zum Umbiegen des Lappens von Hand.

Arbeitsvorgang

Verbinden durch Verbiegen (Bilder 5.7.6, 5.7.8) oder Verschränken (Bild 5.7.7) von Lappen, die in entsprechende Ausnehmungen geführt werden. Nichtlösbare, formschlüssige Verbindung.

Anwendung

Spielzeugindustrie, Fernmeldetechnik, Vorarbeit für weitere Verbindungsverfahren, Lederverarbeitung; Splintsicherungen.

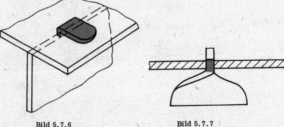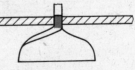

Bild 5.7.6   Bild 5.7.7   Bild 5.7.8
Verlappverbindung   Schränkverbindung Splintsicherung

5.7.7. Prägeverbindung

Arbeitsmittel   Körner oder Meißel und Hammer zum Prägen durch Schlagen.

Arbeitsvorgang Zusammengesteckte Werkstücke werden durch Prägen (Kerben, Körnen usw.) eines Werkstücks an der Fügestelle verbunden (Bild 5.7.9). Nichtlösbare, formschlüssige Verbindung.

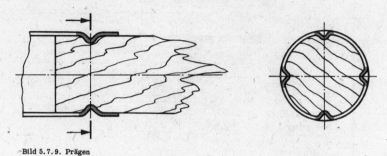

Bild 5.7.9. Prägen

Anwendung   Verbindung zylindrischer oder ebener Teile miteinander durch Kerben, Körnerschlag u. ä.

5.7.8. Wickelverbindung

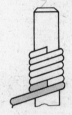

Vier bis sechs Windungen eines Massivdrahts werden mit Hilfe eines Werkzeugs unter Zugspannung um den scharfkantigen Anschlußstift elektrischer Bauelemente gewickelt (Bild 5.7.10). Dieses Verfahren wird zunehmend an Stelle von Löt- und Klemmverbindungen in der Elektronik/Elektrotechnik eingesetzt.

Bild 5.7.10
Modifizierte
Wickelverbindung

5.8. Stoffverbindung

5.8.1. Definition

Stoffverbindungen sind unlösbare stoffschlüssige Verbindungen, bei denen Kohäsions- und Adhäsionskräfte genutzt werden.

Zwei Werkstücke werden direkt oder durch Zusatzwerkstoff gefügt. Dabei tritt entweder Schmelzfluß, der zu Kohäsionskräften führt, oder Haftwirkung (Adhäsion) auf.

5.8.2. Schweißen

5.8.2.1. Definition

Schweißen ist das Vereinigen artgleicher Werkstoffe unter Anwendung von Wärme (Schmelzschweißen) oder von Druck (Kaltpreßschweißen) bzw. von beiden (Preßschweißen) mit oder ohne Zusatzwerkstoff, der einen gleichen oder nahezu gleichen Schmelzbereich wie der Werkstoff der zu vereinigenden Teile hat.

5.8.2.2. Einteilung

Tafel 5.8.1. Einteilung des Schweißens

Einteilung nach	Verfahren
Werkstoffart	Metallschweißen, Plastschweißen, Glasschweißen
Verfahrensdurchführung	Schmelzschweißen, Preßschweißen
Art der Fertigung	Handschweißen, mechanisiertes Schweißen, teilautomatisiertes Schweißen, automatisiertes Schweißen
Zweck	Verbindungsschweißen, Auftragsschweißen

5.8.2.3. Metallschmelzschweißen

Elektrisches Widerstandsschmelzschweißen

Tafel 5.8.2

Weibel-Verfahren		Elektroschlackeschweißen (ES-Schweißen)
Arbeitsmittel	zwei Kohleelektroden, Wechselstrom	1 bis 18 Elektroden Ø 3 mm, abschmelzende Elektrode (Draht), Plattenelektrode, ES-Schweißpulver, Gleich- oder Wechselstrom, Vorrichtung für Drahtvorschub
Arbeitsvorgang	Wechselstrom bewirkt Erhitzung durch hohen Übergangswiderstand zwischen Werkstück und Elektrode	Zündung und Erwärmung des Schlacke-bads durch Lichtbogen; danach Wärme-energie durch Widerstandserwärmung
	1 Werkstück; 2 Kohleelektroden; 3 Bördelnaht	1 Zusatzwerkstoff; 2 bewegliche gekühlte Kupferschuhe; 3 Schlacke; 4 Metall-schmelze; 5 Schweißnaht; 6 Werkstück
Anwendung	dünne Bleche aus NE-Metallen und Legierungen, für Bördelnähte	Ausbessern und Zusammenfügen von Stahlgußteilen, Schiffbau, Behälterbau, Schwermaschinenbau, Stahl über 12 mm Dicke

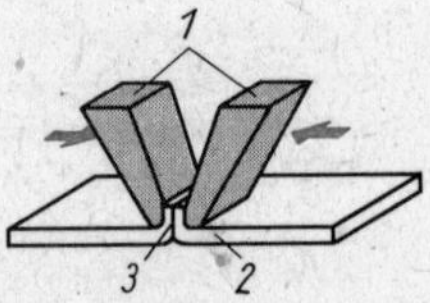

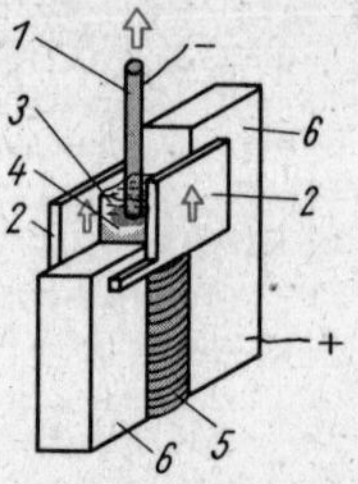

Aluminothermisches Schweißen (AT-Schweißen)

Arbeitsmittel

Schweißform: Formstoff aus Quarzsand mit Tonerdebinder; Schweißmasse: Aluminiumpulver, Eisenoxidpulver und Legierungszusätze; Energie: Benzin- oder Propanflamme zur Einleitung der Reaktion; chemische Reduktionswärme.

Arbeitsvorgang

Schweißform wird um die zu verbindende Stelle gebracht und mit Schweißmasse gefüllt. Nach Entzündung der Masse chemische Reaktion:

$$8\,Al + 3\,Fe_3O_4 \longrightarrow 4\,Al_2O_3 + 9\,Fe + Q.$$

Die dabei frei werdende Wärme führt zur Verflüssigung des Eisens, Schlacke schwimmt oben. Flüssiges Eisen schmilzt Bodenöffnung auf, füllt die Form und verschweißt durch Anschmelzen der Stoßkanten die Schweißstelle.

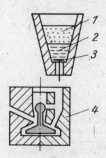

Bild 5.8.1. AT-Schmelzschweißen
1 Schlacke; 2 Schmelze; 3 Verschluß;
4 Form

Anwendung

Schienenschweißen (Profilstahl), Bleche.

Lichtbogenschweißen

Arbeitsmittel

Schweißstromquellen (Schweißgeneratoren, Schweißgleichrichter, Schweißtransformatoren) für Zündung des Lichtbogens und geregelte, kontinuierliche Stromzufuhr.
Schweißelektroden zur Zündung und Stabilisierung des Lichtbogens und als Zusatzwerkstoff oder als Kohleelektroden.
Schutzbekleidung gegen Licht- und Wärmewirkung; z.B. Schutzbrillen, Handschuhe, Mütze, Schuhe mit Gummisohlen.
Weitere Arbeitsmittel sind Schlackehammer, Drahtbürste, Schweißtisch u.a.
Nähere Angaben s. Wissensspeicher „Schweißen" u.a.

Arbeitsvorgang

Zündung des Lichtbogens: Kurzschließen durch Antippen von Elektrode mit Schweißteil. Dadurch starke örtliche Erwärmung von Elektrode und Werkstück.
Nach Abheben der Elektrode infolge der Erwärmung Austritt von Elektronen (Elektronenemission) und nachfolgende Stoßionisation des Gases zwischen Elektrode und Werkstück.
Stabilisierung des Lichtbogens mit Energieabgabe durch Licht und Wärme (etwa 4000 °C).
Bildung der Schweißnaht: Dabei fortschreitende Bewegung in Richtung der Schweißnaht, Pendelbewegung zur Durchbildung der Schweißstelle und nachführende Bewegung der abschmelzenden Elektrode.

Tafel 5.8.3. Schweißarten

	Arten	Arbeitsmittel	Arbeitsvorgang	Anwendung
Offenes Lichtbogenschweißen	E-Schweißen	Metallelektrode, Schweißstromquelle, Gleich- oder Wechselstrom	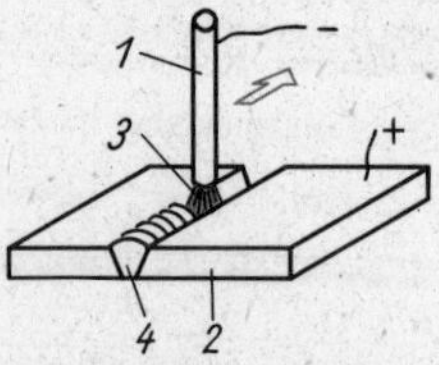 1 Elektrode; 2 Werkstück; 3 Lichtbogen; 4 Schweißnaht	St; Stahl- und Temperguß, Gußeisen; Cu, Al und deren Legierungen, Handschweißen
Verdecktes Lichtbogenschweißen	US-Schweißen (Unter-Schienen-Schweißen)	ummantelte Metallelektrode, Schweißstromquelle, Kupferschienen, Gleich- und Wechselstrom	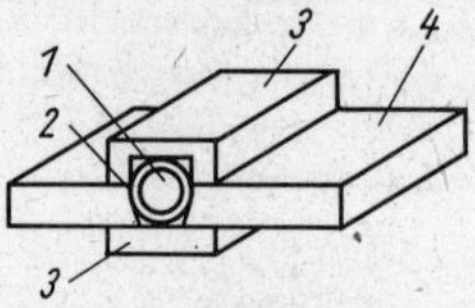 1 Elektrode; 2 Preßmantel; 3 Kupferschiene; 4 Werkstück	St (0,10%), Dünnbleche, starke Profile; Kehlnähte; saubere, glatte Schweißnähte; automatisiert
	UP-Schweißen (Unter-Pulver-Schweißen)	Schweißdraht, Schweißpulver UP-Schweißgerät, Gleichstrom	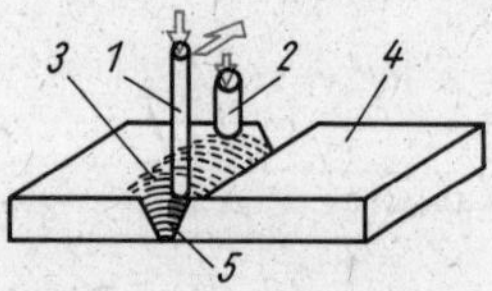 1 Elektrode; 2 Pulverzuführung; 3 Schlacke; 4 Werkstück; 5 Schweißnaht	allgemeiner Baustahl; mittel- und hochlegierte Stähle; Buntmetalle; dicke Bleche; Profile; lange Schweißnähte; automatisiert
Schutzgas-Lichtbogenschweißen	Arcatomschweißen (H_2-Schweißen, SG(H_2-Schweißen)	zwei Wolframelektroden, Schutzgas H_2, Zusatzwerkstoff, Schweißgerät, Wechselstrom	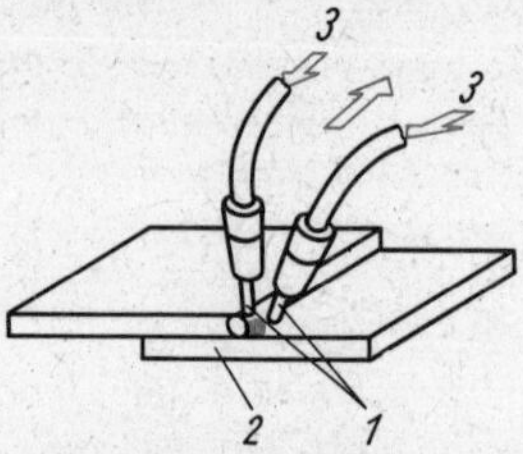 1 Wolframelektrode; 2 Werkstücke; 3 H_2-Zuführung	St (Dicke 1 mm); NE-Metall; NE-Metall-Legierungen; saubere, hochwertige Schweißnähte
	WIG-Schweißen (Wolfram-Inert-Gasschweißen)	eine Wolframelektrode, Schutzgas Argon, Zusatzwerkstoff, Schweißgerät	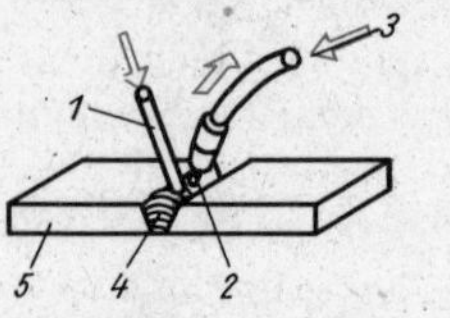 1 Zusatzwerkstoff; 2 Wolframelektrode; 3 Argon; 4 Schweißnaht; 5 Werkstück	St, Cu, Al; hochwertige Schweißnähte; kaum Schlacke; automatisierbar

Fortsetzung von Seite 104

	Arten	Arbeitsmittel	Arbeitsvorgang	Anwendung
Schutzgas-Lichtbogen-schweißen	MIG-Schweißen (Metall-Inert-Gasschweißen)	eine Metallelektrode (Schweißdraht), Schutzgas Argon (Argon oder Argon-Sauerstoff), Schweißgerät, Gleichstrom	1 Metallelektrode; 2 Argon; 3 Schweißnaht; 4 Werkstück	Al, Cu und deren Legierungen; hochlegierte Stähle; hohe Schweißgeschwindigkeit; automatisierbar
	CO_2-Schweißen SG(CO_2)-Schweißen	analog MIG-Schweißen, Wechselstrom		Si-, Mn-Stähle; hochlegierte Stähle; unlegierte und niedriglegierte Stähle; hohe Arbeitsproduktivität; billigeres Schutzgas; automatisierbar
	Arcogenschweißen	eine Kohleelektrode (ummantelt), Azetylenbrenner, Zusatzwerkstoff	1 Zusatzmetall; 2 Kohleelektrode; 3 Azetylen; 4 Schweißnaht; 5 Werkstück	wie Arcatomschweißen; geringere Bedeutung

Stoßarten, Nahtarten, Fugenformen und deren Sinnbilder s. Wissensspeicher „Mechanische Bauelemente und Baugruppen" sowie Wissensspeicher „Technisches Zeichnen Metall", außerdem „Arbeitstafeln Metall". Zusatzwerkstoff und Elektrodenarten s. „Arbeitstafeln Metall" und Wissensspeicher „Schweißen".

Anwendung Am häufigsten angewendetes Schweißverfahren. Art des Lichtbogenschweißens (Tafel 5.8.3) richtet sich nach Werkstoff, Festigkeit, Nahtarten, Fugenform, Lage der Schweißnaht und Ausführungsklasse.

Gasschweißen (Autogenschweißen)

Arbeitsmittel Schweißbrenner als Injektoren oder Saugbrenner (Ansaugen des Brenngases durch O_2-Strahl); Gleichdruck- oder Mischdüsenbrenner (O_2 und Brenngas unter gleichem Druck gemischt).
Betriebsstoffe: Sauerstoff (O_2) und Brenngas (C_2H_2).

Arbeitsvorgang Durch unmittelbare örtlich begrenzte Einwirkung einer C_2H_2-Sauerstoff-Flamme entstehen Schmelzfluß des Schweißdrahts und örtlicher Schmelzfluß des Werkstücks bei 2000 ··· 3000 °C.
Reaktion für Äthin:

$$2\ C_2H_2 + 2\ O_2 \longrightarrow 4\ CO + 2\ H_2 + Q_1;$$
$$4\ CO + 2\ H_2 + 3\ O_2 \longrightarrow 4\ CO_2 + 2\ H_2O + Q_2.$$

Arbeitstechniken:

Nachlinksschweißen   Nachrechtsschweißen

   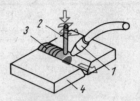

Bild 5.8.2. NL-Schweißen   Bild 5.8.3. NR-Schweißen
1 Schweißbrenner;   1 Schweißbrenner;
2 Zusatzwerkstoff;   2 Zusatzwerkstoff;
3 Schweißnaht;   3 Schweißnaht;
4 Werkstück   4 Werkstück

Anwendung Dünne bis mittlere Bleche und Rohre aus unlegiertem und niedrig-
legiertem Stahl, Kupfer, Aluminium.
Vorwiegend zum Schweißen von Hand, geringere Arbeitsproduktivität
als E-Schweißen, überwiegend bei Reparaturen eingesetzt.

Elektronenstrahlschweißen

Arbeitsmittel Im Vakuum scharf gebündelter Elektronenstrahl.

Arbeitsvorgang Elektronenstrahl erhitzt eng begrenzt Schweißstelle
am Werkstück. Sehr hohe Temperatur erfordert genaues Arbeiten.

Anwendung Schwer zugängliche Stellen an kleinen und kleinsten Teilen aus
schwer schmelzenden Metallen, wie Tantal, Titan, Wolfram. Bei
Metallen mit hohem Dampfdruck (Kadmium, Zink, Magnesium)
nicht anwendbar.

Plasmaschweißen

Arbeitsmittel Plasmabrenner, Zusatzwerkstoff in Form von Draht
oder Pulver.

Arbeitsvorgang Zwischen Wolfram-Stabelektrode und Kupfer-Ringelektrode entsteht
durch eingeblasenen Argonstrahl unter Zündspannung der mit hoher
Geschwindigkeit austretende, hell leuchtende Plasmastrahl (Ionenstrahl). Plasma erreicht Schmelzfluß.

Anwendung Für hochlegierte Stähle und NE-Metalle, die normal nicht schweißbar sind.

5.8.2.4.   Metallpreßschweißen

Elektrisches Widerstandspreßschweißen

Arbeitsmittel Transformator mit $I = 1000 \cdots 100\,000$ A; Elektroden (Kup-
ferlegierung); Druckkraft mechanisch, pneumatisch oder hydraulisch,
Vorrichtungen.

Arbeitsvorgang Schweißwärme entsteht durch Übergangswiderstand an Verbindungsstelle. Druckkraft erzeugt Verbindung.
Die einzelnen Verfahren sind in Tafel 5.8.4 zusammengefaßt.

Tafel 5.8.4. Elektrisches Widerstandspreßschweißen

Verfahren	Arbeitsmittel	Arbeitsvorgang	Anwendung
Punktschweißen	stiftförmige, wassergekühlte Kupferelektrode, Schweißmaschinen (Schweißzeuge, Schweißeinrichtungen) $U = 1 \ldots 15\,V$ $I = 1000 \ldots 100\,000\,A$ $t = 0,25 \ldots 3\,s$ $F \approx 5000\,N$	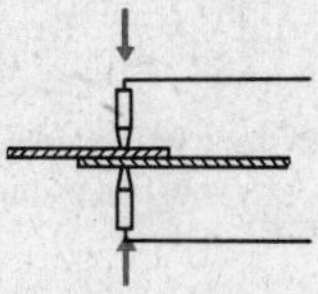	überlappte Bleche aus Stahl (bis 25 mm Stärke), Chromnickelstahl, Zn, Al und Legierungen (bis 8 mm Stärke)
Nahtschweißen (Rollenschweißen)	wassergekühlte Rollenelektrode (130 ... 220 mm Durchmesser), Schweißmaschine wie oben	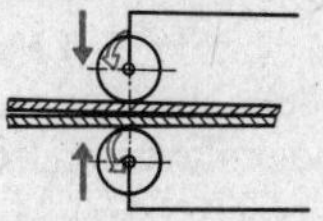	Bleche aus Stahl (bis 5 mm Stärke), Messing, Chromnickelstahl, Al (bis 3 mm Stärke)
Buckelschweißen	großflächige Kupferelektrode, Schweißpresse $U = 1 \ldots 20\,V$ $I = 5000 \ldots 20\,000\,A$ $t = 0,08 \ldots 0,50\,s$ $F = 10\,000\,N$	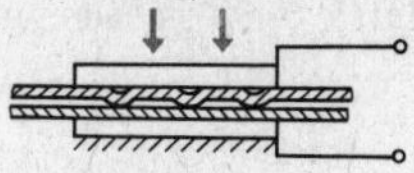	vorgeformte Bleche aus Stahl (bis 20 Buckel), Al, Cu
Stumpfschweißen Wulststumpfschweißen	wassergekühlte Kupferbacken, Schweißpresse $U = 0,5 \ldots 8\,V$ $I = 20 \quad A$ $p = 10 \quad 30\,MPa$	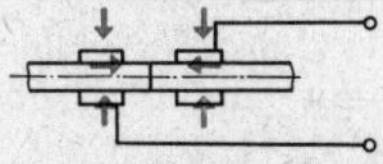 Werkstücke vor Einschalten des Stromes zusammengepreßt	Profilstangenmaterial aus Stahl (bis 200 mm^2 Querschnitt), Al, Cu
Abbrennstumpfschweißen		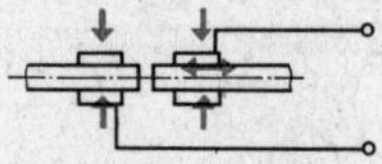 Vorwärmen, Abbrennen, Stauchen	Profilstangenmaterial aus Al, Cu, legierten und unlegierten Stählen (bis 100 000 mm^2 Querschnitt)

Kaltpreßschweißen

Zu verbindende Teile werden nach Entfernen der Oxidschicht a n e i n a n d e r g e p r e ß t. Verschweißung dadurch, daß unter hohem Druck liegende Schweißstelle zu fließen beginnt (Überschreitung der Fließgrenze). An der Schweißstelle meist Kornneubildung. Angewendet bei Werkstoffen mit niedriger Fließgrenze (Aluminium, Zink, Kupfer, Nickel oder Aluminium—Kupfer, Stahl—Kupfer, Aluminium—Titan). Kleine Querschnitte (dünne Drähte, elektrische Leiter).

Reibungsschweißen

Eines der zu verbindenden Teile wird in schnelle Umdrehung versetzt und auf das andere, in Ruhe befindliche Teil g e d r ü c k t. R e i b u n g s w ä r m e bringt Schweißstelle auf Schweißtemperatur. Besonders für rotationssymmetrische Teile angewendet.

Lichtbogen-Preßschweißen (Bolzenanschweißen)

Lichtbogen brennt kurz zwischen Stoßflächen. Schlagartiges S t a u c h e n vereinigt Teile.

Ultraschallschweißen

Ultraschall mit Frequenz bis 80 kHz, Druck bis zu 250 MPa.
Metallteile werden aufeinandergepreßt. Ultraschallschwingung
s e n k r e c h t zur Druckkraft. Entstehende Molekularbewegung führt
zur Molekular- oder Kornverschachtelung. Erwärmung begünstigt
Vorgang.
Angewendet bei allen Metallen, außer leicht verformbaren oder
spröden Werkstoffen (Querbrüche).

Feuerschweißen

Zwei im S c h m i e d e f e u e r oder M u f f e l o f e n erwärmte
Schweißstücke werden stumpf oder überlappt von Hand mit Schmiede-
hammer oder durch Lufthämmer, Pressen, Walzen miteinander verschweißt.
Zum Plattieren von Blechen und zur Herstellung von Tiefziehblechen.

Kondensatorimpulsschweißen

Zur Schweißung erforderliche E l e k t r o e n e r g i e wird im Konden-
sator gespeichert. Kondensator entlädt sich nach Schließen des
Stromkreises und führt hohen Schweißstrom (bis 200 000 A) an die
Schweißstelle (Bild 5.8.4).

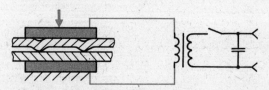

Bild 5.8.4. Kondensatorimpulsschweißen

Induktionspreßschweißen

Im starken e l e k t r i s c h e n W e c h s e l f e l d werden in Bauteilen
Spannungen induziert, die E r w ä r m u n g zur Folge haben. Erwärmung verbunden mit Druckkraft führt zur Verschweißung (Bild 5.8.5).

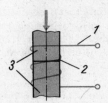

Bild 5.8.5. Induktionspreßschweißen
1 Induktionsspule; 2 Schweißstelle;
3 Werkstücke

Explosionsschweißen

Explosion erzeugt hohen Druck, unter dem der Werkstoff zu fließen
beginnt und die Teile verbindet. Extrem kurze Schweißdauer von 0,05 s.
Zum Verbinden sonst schwer miteinander zu verschweißender Metalle.
Plattieren von Blechen, Verschweißen von Flächen.

Bleiplatten werden in mit Schwefelsäure versetzte Sodalösung getaucht.

Bei Gleichspannung bilden sich zwischen Elektrolyt und Schweißgut kleine L i c h t b o g e n . Nach Erreichen der Schweißtemperatur werden Teile aneinanderg e s c h l a g e n oder -gepreßt.

Angewendet bei Edelmetallen (Gold, Platin, Silber).

5.8.2.5. Glasschweißen

Es sind Preßschweißverfahren. Zu den einzelnen Verfahren s. Tafel 5.8.5.

Verschmelzen von zwei Teilen aus Glas nennt man Glasschweißen, Verbindung zwischen Glas und anderen Werkstoffen Einschmelzen (s. Abschn. 5.6.3.2.).

Tafel 5.8.5. Glasschweißen

Verfahren	Arbeitsmittel, Arbeitsvorgang	Anwendung
Flammenkranzschweißen	Zu verbindende Teile werden durch einen Kranz radial auf Fuge gerichteter Flammen auf Erweichungstemperatur gebracht und zusammengepreßt	Stumpfstöße von Rohren
Strahlungsschweißen	Verbindungsstelle wird durch elektrisch beheizte Strahler erhitzt und zusammengepreßt	durch Einhalten genauer Temperaturen Schweißen empfindlicher, dünnwandiger Teile
Widerstandsschweißen	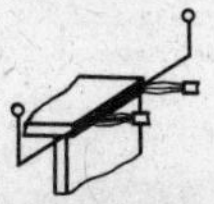 Zwei Gasflammen erhitzen Verbindungsstelle; Spannung wird über Gasflamme auf Verbindungspartner übertragen; bei 500...1000 °C setzt elektrische Leitfähigkeit das Glases ein; Druck ermöglicht Verbindung	Stumpf-, Eck- und T-Stöße von Glasplatten oder Rohren, besonders aus Bor-Silikat-Glas
	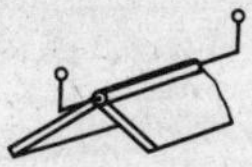 Verbindungsstelle wird mit elektrisch leitender Graphitschicht versehen und unter Strom gesetzt	
	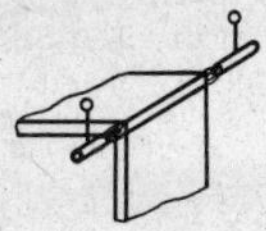 Stabförmiger Zusatzwerkstoff mit elektrisch leitender Graphitschicht verschmilzt die Verbindungspartner	
Dielektrisches Hochfrequenzschweißen	Teile werden durch Gasflammen auf 500 °C erhitzt; dann wird Flamme zur Hochfrequenzzuführung benutzt und dielektrische Wärme erzeugt	empfindliche Bauteile

5.8.2.6. Plastschweißen

Gehört im wesentlichen zum Preßschweißen. Schweißbar sind alle thermoplastischen Plastwerkstoffe.

Tafel 5.8.6. Plastschweißen

Verfahren	Arbeitsmittel	Arbeitsvorgang	Anwendung
Heißgasschweißen	Heißgasdüse; Netztransformator; Gebläse; Heißgas-Schweißgerät	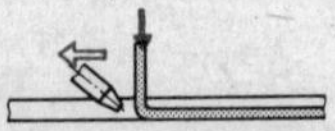 Heißgasstrom mit 80...380 °C. Zusatzwerkstoff wird im plastischen Zustand in Schweißfuge gedrückt	PVC, Mischpolymerisate, Polyäthylen, Polyisobutylen, Polymethylmethakrylat, Polystyrol, Polykarbonat
Heizkeilschweißen	Heizkeil; Netztransformator; Heizkeil auch als Breitschlitzdüse	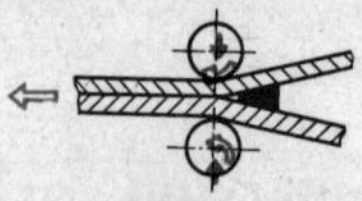 Berührungsflächen werden fortlaufend erwärmt und unter Druck verschweißt	PVC weich als Folien oder Tafeln
Wärmeimpulsschweißen	Folienschweißmaschine; Schweißautomat	 Teile werden durch Heizelemente mit Stromwärmeimpulsen laufend erwärmt und durch Druck verschweißt	Folien aus Polystyrol, Polyäthylen, Zellglas
Preßstumpfschweißen (Heizelementschweißen)	Heizspiegel, Heizband oder Schweißschwert; Vorrichtung	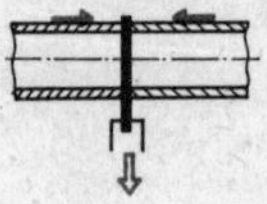 Teile durch Heizelement erwärmt und nach Entfernen zusammengestaucht	PVC, Polyäthylen
Reibschweißen	Dreh- oder Bohrmaschine mit etwa 500 U·min^{-1}	Teile werden durch Reibungswärme auf Schweißtemperatur gebracht und ohne Zusatzwerkstoff mit Druck verschweißt	drehsymmetrische Teile aus PVC hart, Polyamid, Polyäthylen
Dielektrisches Hochfrequenzschweißen	Hochfrequenzgenerator (≈27,12 MHz); Schweißpresse; Schweißelektrode	Teile durch Hochfrequenz dielektrisch erhitzt und unter Druck verschweißt	PVC weich, PVC hart, Mischpolymerisate, Polymethylmethakrylate, Polyamide
Ultraschallschweißen	Ultraschallanlage; Presse; Kühleinrichtung	 Thermoplast (2) wird durch Ultraschall und durch Sonotrode (1) und Amboß (3) unter Druck verschweißt	harte und weichgestellte Thermoplaste

Alle Schweißarbeiten unterliegen besonderen gesetzlichen Anordnungen.

5.8.3. Löten

5.8.3.1. Definition

Löten ist ein Verfahren zum Vereinigen metallischer Werkstoffe mit Hilfe eines geschmolzenen Zusatzmetalls (Lot), dessen Schmelztemperatur unter der des jeweiligen Grundwerkstoffs liegt. Dabei werden die Grundwerkstoffe benetzt, jedoch nicht geschmolzen.

Flußmittel wirken oxidlösend und abdeckend (Schutz vor neuer Oxydation während des Lötvorgangs). Lot fließt unter Einfluß des Flußmittels besser. Auswahl der Lote und Flußmittel entsprechend Grundstoffen und Arbeitstemperatur (s. Arbeitstafeln Metall).

5.8.3.2. Einteilung

Weichlöten erfolgt bei Arbeitstemperatur unter 450 °C (im allgemeinen bei 260 ··· 300 °C).
Hartlöten erfolgt bei Arbeitstemperatur über 450 °C (im allgemeinen 720 °C und höher). Zum Einsatz der einzelnen Verfahren s. Tafel 5.8.7.

Tafel 5.8.7. Einteilung des Lötens

Lötverfahren		Für		Zum Verbinden	
		Hartlöten	Weichlöten	metallischer Teile	von Glas, Keramik
Kolbenlöten		—	x	x	x
Flammenlöten	Flammenlöten	x	x	x	0
	Schmiermodellierlöten	—	x	x	—
Badlöten	Salzbadlöten	—	x	x	0
	Tauchlöten	x	x	x	—
	Ultraschallöten	—	x	x	—
	Schwallöten	—	x	x	0
	Ölbadlöten	—	x	x	—
	Aufgießlöten	—	x	x	—
Ofenlöten	Kammerofenlöten	—	x	x	x
	Schutzgaslöten	x	—	x	x
	Vakuumlöten	x	—	x	—
Elektrolöten	Induktionslöten	x	x	x	x
	Widerstandslöten	x	x	x	—
	Lichtbogenlöten	x	—	x	—
	Heißgaslöten	—	x	x	0
	Reaktionslöten	—	x	x	—
	Drucklöten	x	x	x	—
Reiblöten	Reiblöten	—	x	x	—
	Ultraschallöten	—	x	x	—
Diffusionslöten		—	x	x	—
Kaltpreßlöten		—	x	x	—

x Lötung gut möglich; 0 Lötung prinzipiell möglich; — Lötung nicht möglich

Beachtung weiterer Einteilungsgesichtspunkte ergibt folgende Übersicht:

Anzahl der gleichzeitig gebildeten Lötstellen

Einzellöten $(n = 1)$ z.B. Kolbenlöten
Gruppenlöten $(1 < n < 20)$ z.B. Mehrfachbügellöten
Massenlöten $(n > 20)$ z.B. Schwallöten

Form der Energie- (Wärme-) zufuhr

Wärmeleitung   z.B. Kolbenlöten
Wärmestrahlung   z.B. Lichtstrahllöten
Wärmekonvektion   z.B. Heißgaslöten

Art der Lotzuführung

flüssig (schmelzflüssiges Lot)
                   z.B. Schwallöten
fest (Draht, Stangen, Blöcke, Pulver)
                   z.B. Kolbenlöten
Preforms (vorgeformte Teile aus Lot)
                   z.B. Ofenlöten
Reflowverfahren (Lot als Überzug auf Teil)
                   z.B. Bügellöten

Kolbenlöten

Arbeitsmittel: Gas- oder feuerbeheizter Lötkolben; elektrisch beheizte Lötkolben mit Lötspitze (Finne), Schaft mit Heizeinsatz, Griff und Anschlußleitung; Kupferlötspitze (unveredelt) mit Verzunderungsgefahr oder Dauerlötspitze mit Eisen/Nickel-Schicht gegen Verzunderung; Lötspitze mit unterschiedlicher geometrischer Form (Pyramide, Kegel, Block mit mehreren Spitzen, hohl als Minibad oder zum Entlöten).
Arbeitsvorgang: Erhitzen der Verbindungsstelle durch Lötkolbenspitze. Zugabe des Flußmittels. Schmelzen des Lotes als Lotdraht (Mehrseelenlotdraht mit Flußmittel) oder Band (breitgewalzter Draht).
Anwendung: Verbindung kleinerer und mittlerer (nicht zu dickwandiger und großflächiger) Bauteile, Verdrahtungen in Einzelfertigung, Reparaturen.

Bügellöten

Arbeitsmittel: Lötpistole mit widerstanderhitzter Leiterschleife oder Bügellötgerät mit plangeschliffenen Kontaktierelektroden für Reflowlöten (Lot bereits als Überzug auf zu verbindenden Teilen). Lotzusatz möglich, aber bei Reflowlöten nicht notwendig. Flußmittel nicht erforderlich.
Arbeitsvorgang: Lötpistole wie Lötkolben handhabbar. Bei Bügellötgerät erzeugen die Elektroden einen Anpreßdruck (etwa 1 N) mit anschließendem Stromimpuls, der Lotüberzug zum Schmelzen bringt.
Anwendung: Verbindung flach aufeinanderliegender Partner, z.B. Bandkabel an verzinnten Steckerleisten, Lackdrähte; Reparatur von Leiterzugunterbrechungen (mit Kupferbändchen); Leiterplatten; Lötpistolen sind vor allem zur Reparaturlötung geeignet.

Badlöten

Arbeitsmittel: Wanne mit schmelzflüssigem Lot und ruhender Badoberfläche (senkrechtes Tauchlöten oder Schlepplöten) oder bewegter Badoberfläche (Sylvaniaverfahren oder Schwallöten bzw. Fließlöten oder Flowsolder Verfahren).

Arbeitsvorgang: Beim senkrechten Tauchlöten werden die Verbindungspartner senkrecht auf die Oberfläche des Lötbades abgesenkt. Werden die Verbindungspartner nach dem Absenken über die Badoberfläche geschleppt und dann abgehoben, so spricht man vom Schlepplöten. Wird das Lot durch Schlitze einer Vorrichtung gegen die Verbindungspartner gepreßt, nennt man es Sylvania-Verfahren. Beim Schwallöten werden die Verbindungspartner mit Hilfe einer Transportvorrichtung durch den Kamm einer Lotwelle (Schwall) geführt.

Anwendung: Massenlötverfahren bei Leiterplatten und Leichtmetallen.

Ofenlöten (Schutzgaslöten)

Arbeitsmittel: Gas- oder elektrisch beheizter Ofen mit Schutzgas (Stickstoff-Wasserstoffgemisch und teilverbrannte Heizgase).

Arbeitsvorgang: Vorgereinigte, mit Lot (Preforms) versehene und vorverbundene Bauteile werden im Ofen erhitzt.

Anwendung: Spaltlöttechnik mit eingelegten Loten, Massenfertigung.

Flammenlöten

Arbeitsmittel: Beim Brennerlöten Brenngas- oder Brenngasluft-Flamme, eventuell durch Ringbrenner.

Beim Heißgas- bzw. Mikroflammenlöten Gaserzeugung durch Wasserelektrolyse (Knallgas) im Gerät.

Arbeitsvorgang: Vorverbundene Teile oder mit Lot (Preforms) versehene Teile werden durch Flammen- bzw. Heißgaseinwirkung erhitzt. Flußmittel unbedingt erforderlich.

Anwendung: Als berührungsloses Löten in Massenfertigung. Große Lötflächen und größere Bauteildicke durch Brennerlöten. Leiterplatten und elektronische Baugruppen durch Mikroflammenlöten.

Reiblöten

Arbeitsvorgang: Mechanisches Verreiben, Schaben, Bürsten, und gleichzeitiges Auftragen des Lotes auf erhitzte Lötstelle zerstört Oxidschicht und verbindet (Reiblöten).

Beim Reaktionslöten werden Metallsalze (Zinkchlorid u.a.) verwendet, die Lötmetall ausscheiden und Teile verbinden.

Anwendung: Weichlöten von Leichtmetallen.

Diffusionslöten

Arbeitsvorgang: In fester Phase vorliegende Werkstoffe können bei Temperaturen unterhalb des Schmelzpunktes des niedriger schmelzenden Partners ineinander diffundieren.

Geeignetes Lot (Kupfer, Golddiffusionslot) wird zwischen Lötflächen gegeben. Verbindungspartner werden zusammengepreßt und unter Schutzgas (Wasserstoff) erhitzt (450 ··· 500 °C).

Anwendung: Vakuumdichte Verbindung von Kupfer oder anderen Metallen (Eisen, Eisen-Kobalt-Nickel-Legierung).

Kaltpreßlöten

Durch Preßdruck und dadurch bedingte Verformung wird Oxidschicht zerstört, so daß sich Grundwerkstoffe und Lot molekular verbinden können (s. Kaltpreßschweißen, Abschn. 5.8.2.4.).

5.8.4. Kleben

5.8.4.1. Definition

Kleben ist ein Verfahren zum Vereinigen von Werkstoffen durch einen meist synthetischen Stoff (Klebstoff), der durch eine chemische Reaktion unter Bildung von Makromolekülen verfestigt wird und die Werkstoffe durch Oberflächenhaftung und innere Festigkeit (Adhäsion und Kohäsion) verbindet.

5.8.4.2. Kleben von Papier, Holz, Tuch, Glas

Arbeitsmittel

Tierische Klebstoffe: Gluteinleim (Tischlerleim); Kaseinleim (Furnierleim).
Pflanzliche Klebstoffe: Dextrinleim, Stärkeleim, Kautschuk (Gummilösung).
Synthetische Klebstoffe: Polyurethanleim (DD-Kleber), Phenolharzleim, Chemisol, Cenusil (Silikon-Kautschuk), Ligament, Epasol, Pelasal, PVAc-Latex-Klebstoffe, Berliner Kaltleim.
Weitere Auswahl s. Arbeitstafeln Metall.

Arbeitsvorgang

Nach Vorbehandlung (Reinigen, Aufrauhen, Anpassen) wird Klebstoff in einer dünnen Schicht (etwa 0,1 mm Dicke) aufgetragen. Nach Zusammenfügen schließt sich ein Aushärtungs- oder Trocknungsprozeß an. (Parameter des jeweiligen Klebstoffs, wie Temperatur, Druck, Zeit und eventuell Mischungsverhältnis, sind genauestens einzuhalten.) Verbindungsstelle während des Aushärtungsprozesses nicht belastbar. Klebstoff verbindet während dieses Prozesses die Klebeflächen durch Oberflächenhaftung (Adhäsion, zum Teil Kohäsion).

Anwendung

Flächen- oder Stoßverklebungen in der Papierwarenindustrie, Holzverarbeitung und im Haushalt.
Mit höher werdender Qualität der Klebstoffe verdrängt es infolge einfacher Technologie, Materialeinsparung und günstiger Eigenschaften andere Verbindungsarten. Kleben von Plasten kann durch Lösungsmittel erfolgen. An der Oberfläche aufgelöster Plast dient als Klebstoff. Optische Bauteile (Linsen, Prismen) lassen sich mit durchsichtigem Kitt (Kanadabalsam) zusammenfügen (s. Abschn. 5.8.5.).

5.8.4.3. Kleben von Metallen

Arbeitsmittel

Klebstoffe (s. Tafel 5.8.8. und Arbeitstafeln Metall) als Flüssigkeit, Dispersion, Lack, Kitt oder Schmelzklebstoff (Pulver, Folie). Mischgefäße aus Glas, Steingut oder Metall. Auftragsvorrichtung mit Mischbehälter bzw. Pinsel, Spachtel u.ä. Vorrichtungen zur Lagesicherung und zum Zusammendrücken der Verbindungspartner.

Arbeitsvorgang

Technologie ist genauestens einzuhalten, da sie entscheidenden Einfluß auf die Festigkeit der Verbindung hat (Tafel 5.8.9). Vorrichten der Fügeteile. Bestimmung der Stoßart, Entgraten, Richten und Passen der Teile. Vorbereiten der Klebefuge. Entsprechend der Stoßform ist eine Klebefuge mit möglichst großer Fläche zu wählen. Spanende Herstellung (Drehen, Fräsen, Schleifen) der Fuge und Passen der Teile.

Tafel 5.8.8. Metallklebstoffe (Auswahl)

Chemische Basis	Handelsname	Hersteller	Anwendung
Epoxidharze	Epilox EK 10 Epilox EK 26 Epilox Eg 34 Epilox EGK 19 Epilox EKS 11	VEB Leuna-Werke „Walter Ulbricht"	Metall, Duroplast, Keramik
Polyesterharz	Mökodur L 5001 Polyester G	VEB Schuhchemie Mölkau VEB Buna	Metall, Duroplast, Keramik
Phenolharz	Plastaphenal N : PVF	VEB Plasta	Metall

Vorbehandlung der Klebefläche. Entfernen von groben Verunreinigungen, anschließendes Aufrauhen der Klebefläche und dann Entfernen restlicher Fette, Säuren und Oxide (Tafel 5.8.9).
Verarbeitung des Klebstoffs. Mischen und Auftragen des Klebstoffs entsprechend der für ihn geltenden Verarbeitungsrichtlinie.
Fügen der Verbindungspartner. Fügen, Lagesicherung und Spannen der Teile mit gleichbleibendem Druck auf die gesamte Klebfläche. Beachtung entsprechender Bearbeitungstemperaturen.
Aushärten des Klebstoffs. Unterschiedliche Aushärtebedingungen (Temperatur, Druck, Zeit und evtl. Schutzgas) sind einzuhalten.
Eindringen des Klebstoffs in die Poren und Kapillaren bildet nach Erhärten rein mechanische Verklammerung (mechanische Adhäsion). Außerdem Haften durch molekulare Kräfte (spezifische Adhäsion).
Nachbehandlung der Klebestelle. Spanende Nachbearbeitung der Klebestelle (Entfernung überschüssigen Klebstoffs) und eventuelle Konservierung (Lackieren, Abdecken).
Bei wechselseitiger, Stoß- oder Schälbeanspruchung kann Verbindung formschlüssig unterstützt werden.

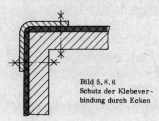

Bild 5.8.6
Schutz der Klebeverbindung durch Ecken

Anwendung

Verbindung ungleichartiger Metalle und Nichtmetalle ohne Schwächung des Querschnitts. Verwirklichung der Leichtbauweise (Blechkonstruktion, dünnwandige Querschnitte), Verbundbauweise (Lagerungen, Keramik-Drehmeißel, Lehren, Zahnräder, Spinndüsen). Befestigung von Verschleißteilen (Bremsbacken). Dichte und isolierende Verbindungen (Motoren, Ventile, Behälter).
Reparatur und Fehlerbeseitigung.

Tafel 5.8.9. Technologie des Klebens

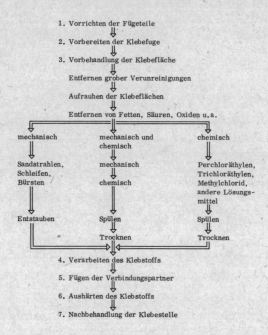

1. Vorrichten der Fügeteile

2. Vorbereiten der Klebefuge

3. Vorbehandlung der Klebefläche

Entfernen grober Verunreinigungen

Aufrauhen der Klebeflächen

Entfernen von Fetten, Säuren, Oxiden u.a.

mechanisch	mechanisch und chemisch	chemisch
Sandstrahlen, Schleifen, Bürsten	mechanisch	Perchloräthylen, Trichloräthylen, Methylchlorid, andere Lösungsmittel
	chemisch	
Entstauben	Spülen	Spülen
	Trocknen	Trocknen

4. Verarbeiten des Klebstoffs

5. Fügen der Verbindungspartner

6. Aushärten des Klebstoffs

7. Nachbehandlung der Klebestelle

5.8.5. Kitten

5.8.5.1. Definition

Kitten ist ein Verfahren zum Verbinden von Bauteilen und zum Ausfüllen unerwünschter Hohlräume durch Kittstoffe, die durch chemische Reaktionen erhärten und die Bauteile durch Adhäsion verbinden oder in Hohlräumen haften.

5.8.5.2. Kitten von Metall, Holz, Glas

Arbeitsmittel
Kitte: Glaserkitt; Wasserglaskitt; Bleiglättekitt; Harzkitt (Kolophonium, Kanadabalsam, Lärchenharz); Gips und Marmorzement; Magnesiakitt; Porzellankitt; Siegellack.

Arbeitsvorgang
Kittstoff wird im plastischen Zustand in Kittfuge gebracht. Nach Erhärten bzw. Abbinden haftet er durch Adhäsion.

Anwendung
Unerwünschte Hohlräume zwischen zu verbindenden Bauteilen ausfüllen. Verbindung bei Teilen mit großen Herstellungstoleranzen. Feinkitten zum Verbinden optischer Bauteile mit hoher Genauigkeit.

Weiterführende Literatur

Rempke, V./Schmähl, M.: Mechanische Bauelemente und Baugruppen. Berlin: VEB Verlag Technik.

Hintze: Maschinenelemente — Baugruppen und ihre Montage, Teil 1: Verbindungselemente. Berlin: VEB Verlag Technik

Kauliseh: Kräfte an Schraubenverbindungen. Berlin: VEB Verlag Technik.

Kurzbach: Schweißen. Berlin: VEB Verlag Technik.

Thieme: Fachkunde für Schweißer, Bd. 1: Grundausbildung im Schweißen des Stahls. Berlin: VEB Verlag Technik.

Primke: Fachkunde für Schweißer, Bd. 3: Aluminiumschweißen. Berlin: VEB Verlag Technik.

ERGÄNZUNGEN

Leitwörter	Bemerkungen

6. Beschichten

6.1. Definition

Beschichten ist das Aufbringen einer fest haftenden Schicht aus formlosem Stoff auf ein Werkstück.

Das Werkstück kann selbst durch Reaktion mit dem Beschichtungsstoff am Schichtbildungsvorgang beteiligt sein.

Entsprechend dem Hauptzweck der Schichten ergeben sich die Hauptaufgaben

- Korrosionsschutz,
- Verbesserung der dekorativen Wirkung,
  Isolation, Reflexion, Leitfähigkeit,
- Verbesserung der Gleitfähigkeit,
- Regeneration,
- Verbesserung der Schmiermittelaufnahme,
- Verminderung des Umformwiderstands.

6.2. Einteilung

Bei der Auswahl des Beschichtungsstoffs ist auf die gegenseitige Beeinflussung von Werkstückstoff und Beschichtungsstoff zu achten. Gefahr der Kontaktkorrosion!

Die Fertigungshauptgruppe Beschichten umfaßt vier Gruppen. Unterteilung erfolgt entsprechend dem Zustand des Beschichtungsstoffs unmittelbar vor der Berührung mit dem Werkstück.

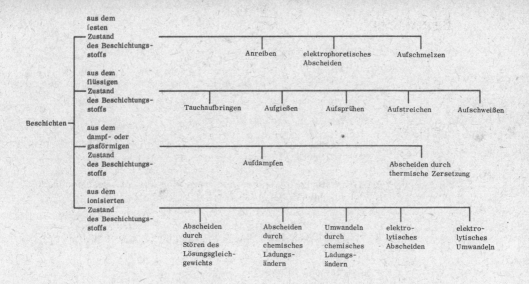

aus dem festen Zustand des Beschichtungsstoffs	Anreiben	elektrophoretisches Abscheiden	Aufschmelzen	
aus dem flüssigen Zustand des Beschichtungsstoffs Tauchaufbringen	Aufgießen	Aufsprühen	Aufstreichen	Aufschweißen
aus dem dampf- oder gasförmigen Zustand des Beschichtungsstoffs	Aufdampfen		Abscheiden durch thermische Zersetzung	
aus dem ionisierten Zustand des Beschichtungsstoffs Abscheiden durch Stören des Lösungsgleichgewichts	Abscheiden durch chemisches Ladungsändern	Umwandeln durch chemisches Ladungsändern	elektrolytisches Abscheiden	elektrolytisches Umwandeln

Beschichten (Hauptknoten links)

6.3. Beschichten aus dem festen Zustand des Beschichtungsstoffs

6.3.1. Definition

Der Beschichtungsstoff ist unmittelbar vor der Berührung mit dem Werkstück formlos fest bzw. pulverförmig; in der Ausnahme Folie bzw. dünnste Bleche

Beschichtungsstoff wird in fester oder pulvriger Form auf das Werkstück aufgebracht. Durch mechanische, chemisch-elektrische oder thermische Vorgänge wird die Haftung der Schicht erreicht. Unterscheidung einzelner Verfahren nach Art des Aufbringens des festen Beschichtungsstoffs.

6.3.2. Anreiben

Arbeitsmittel

Walzeinrichtungen, Hämmer und Pressen erzeugen die zur Haftung der Schicht notwendigen großen Reibkräfte.
Öfen erwärmen den Beschichtungsstoff vor, setzen seinen Verformungswiderstand herab. Trommeln nehmen die Werkstücke auf und bewegen sie.
Detonationskammern zum Explosivbeschichten.

Arbeitsvorgang

Werkstück wird mit Beschichtungsstoff kalt oder warm zusammengewalzt, zusammengepreßt oder zusammengerieben. Auftretende Reibungskräfte bewirken Bindung. Diese Bindung beruht auf

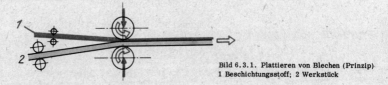

Bild 6.3.1. Plattieren von Blechen (Prinzip)
1 Beschichtungsstoff; 2 Werkstück

- mechanischer Verzahnung der beteiligten Stoffe,
- gegenseitiger Diffusion,
- Anziehungskräften an den Berührungsflächen.

Beschichtungsstoff kann auch mit Hilfe von Druckwellen als Folge von Explosionen aufgebracht werden. Dieses Explosivbeschichten erschließt neue Anwendungsgebiete und steigert die Wirtschaftlichkeit.

Anwendung   Herstellen plattierter Werkstoffe für chemische Industrie, Laborbau und Maschinenbau. Trommelverzinken von Kleinteilen. Schmuckvergolden. Messing-Reibbeschichten von Zylindern und Gleitlagern.

6.3.3. Elektrophoretisches Abscheiden

Arbeitsmittel   Behälter (Bad) zur Aufnahme des Dispersionsmittels. Beschichtungsstoff liegt in diesem als fester Bestandteil vor. Werkstück wird in Dispersionsmittel getaucht und an Gleichspannungsquelle angeschlossen.

Arbeitsvorgang   Elektrisch neutraler, pulvriger Beschichtungsstoff wird durch Fremdionen aus dem Dispersionsmittel (Wasserstoff- oder Hydroxylionen) aufgeladen. Es bilden sich elektrisch geladene Teilchenkomplexe, die unter Wirkung eines elektrischen Feldes zur Elektrode mit entgegengesetzter Ladung wandern. Elektrode ist das zu beschichtende Werkstück, an dieses lagern sich die Teilchenkomplexe an.

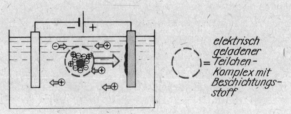

Bild 6.3.2. Elektrophoretisches Abscheiden

Anwendung   Abscheiden von Anstrichstoffen auf Werkstücke, z.B. Beschichten von Autokarosserien. Beschichten mit Gummi (Behälterauskleidung). Herstellen verschleißfester Schichten aus WC. Isolieren der Heizfäden von Elektronenröhren mit Al_2O_3.

6.3.4. Aufschmelzen

Arbeitsmittel   Industrieöfen mit Temperaturregelungseinrichtungen und Behälter zur Aufnahme des meist pulverförmigen Beschichtungsstoffs. Je nach Verfahren Wirbelkammern zum Aufwirbeln des Beschichtungsstoffpulvers durch Druckluft oder Inertgas (chemisch träges Gas), auch Aufschütt-, Aufschleuder-, Aufstäub- und Wälzeinrichtungen.

Arbeitsvorgang   Werkstück wird unmittelbar vor dem Beschichten angewärmt. Anwärmtemperatur liegt über Schmelztemperatur des Beschichtungsstoffs. Dieser schmilzt bei Berührung mit dem Werkstück und bildet Schicht. Pulvriger Beschichtungsstoff wird aufgesprüht, aufgestäubt oder aufgeschüttet. Werkstück wird im Beschichtungsstoff gewälzt

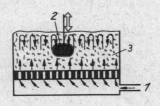

Bild 6.3.3. Aufschmelzen durch Eintauchen
in Wirbelkammer
1 Druckluft oder Inertgas; 2 Werkstück;
3 Beschichtungsstoff

oder in eine Kammer mit aufgewirbeltem Beschichtungsstoff getaucht. Bei aufgeschmolzenen Metallschichten oftmals Verreiben der Schicht.

Bild 6.3.4. Aufschmelzen durch Wälzen
im Beschichtungsstoff

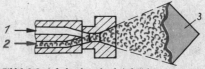

Bild 6.3.5. Aufschmelzen durch Aufstäuben
des Beschichtungsstoffs
1 Druckluft; 2 Beschichtungsstoff; 3 Werkstückstoff

Anwendung

Wegen des niedrigen Schmelzpunktes des Beschichtungsstoffs besonders für das Beschichten mit Plasten geeignet (Plastpulverbeschichten). Auch zum Aufschmelzen von Metallen mit niedrigem Schmelzpunkt, wie Blei und Zinn, auf Werkstücke aus Stahl, Gußwerkstoffen, Leichtmetallen, Glas, Porzellan, Keramik.

6.4. Beschichten aus dem flüssigen Zustand des Beschichtungsstoffs

6.4.1. Definition

Beschichtungsstoff liegt unmittelbar vor Berührung mit dem Werkstück normalflüssig, pastenförmig oder schmelzflüssig vor.

Flüssiger Beschichtungsstoff wird auf Oberfläche des Werkstücks aufgebracht. Oberfläche muß benetzbar sein. Haftung der Schicht erfolgt nach Erkalten und Verfestigen durch

- Formschluß des erkalteten Beschichtungsstoffs mit der Werkstückoberfläche,
- Legierungsbildung zwischen den beteiligten Stoffen,
- Adhäsion zwischen Werkstück- und Beschichtungsstoff.

6.4.2. Tauchaufbringen

Arbeitsmittel

Behälter und Bäder nehmen den flüssigen Beschichtungsstoff auf. Schmelzflüssiger Zustand wird durch Wärmezufuhr (Heizung der Bäder) beibehalten.
Trockenöfen zur Trocknung und Verfestigung des Beschichtungsstoffs.

Arbeitsvorgang

Werkstück wird in den Behälter mit normalflüssigem oder schmelzflüssigem Beschichtungsstoff eingetaucht. Vorbehandlung mit Flußmittel zur Erhöhung der Benetzbarkeit der Oberfläche.

Arbeitsablauf:

1. Reinigen der Oberfläche,
2. Beschichten (Tauchen),
3. Abkühlen oder Trocknen,
4. Nachbehandeln.

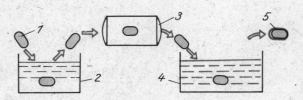

Bild 6.4.1. Trockenverzinken
1 Werkstück; 2 Flußmittelbad; 3 Trockner; 4 Zinkschmelze; 5 beschichtetes Werkstück

Anwendung

Beschichten mit Anstrichstoffen und Plasten, Beschichten von Stahloberflächen mit Zn, Pb, Cd und Al zur Verwendung als Behälterauskleidung, zur Verbesserung der Lötfähigkeit, zur Verminderung des Verformungswiderstands beim Ziehen, zum Korrosionsschutz. Automatisierung des Beschichtungsvorgangs möglich.

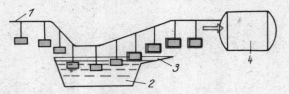

Bild 6.4.2. Automatisierung beim Tauchen
1 Transportanlage; 2 Beschichtungsstoffbehälter; 3 Abtropfrinne; 4 Durchlaufkammer (Trockner)

6.4.3. Aufgießen

Arbeitsmittel

Gießeinrichtungen, Behälter zur Aufnahme des flüssigen Beschichtungsstoffs. Heizeinrichtungen, die den Schmelzfluß aufrechterhalten. Abschirmeinrichtungen, Abstreifer, Walzeinrichtungen für pastenförmige Beschichtungsstoffe. Trockenöfen oder Durchlaufkammern zum Verfestigen des Beschichtungsstoffs.

Arbeitsvorgang

Beschichtungsstoff wird auf die zu beschichtende Oberfläche aufgegossen. Nachfolgendes Erkalten, Aushärten, Trocknen, Diffundieren (Legierungsbildung) je nach Art des Beschichtungsstoffs.

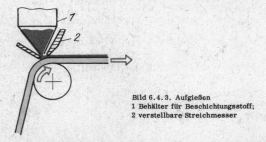

Bild 6.4.3. Aufgießen
1 Behälter für Beschichtungsstoff;
2 verstellbare Streichmesser

Anwendung	Herstellung plastbeschichteter Stahlbleche für viele Industriezweige. Beschichten mit niedrigschmelzenden Metallen, wie Zn, Sn, Pb.

6.4.4. Aufsprühen

Arbeitsmittel

Sprüheinrichtungen (Spritzpistolen) zum Versprühen oder zum Schmelzen und Versprühen des Beschichtungsstoffs.

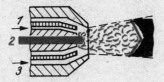

Bild 6.4.4. Aufsprühen von Beschichtungsstoff
1 Brenngas-Sauerstoff-Gemisch; 2 Beschichtungsstoff; 3 Druckluft

Einrichtungen zur Erzeugung der Schmelzwärme durch Plasmastrahl (elektrischen Lichtbogen) oder Brenngas-Luft-Gemisch; oftmals gleichzeitig zum Schmelzen und Versprühen des Beschichtungsstoffs, sonst Druckluft. Absaugeinrichtungen, Kompressoren.

Detonationskammern zum Explosivbeschichten.
Arbeits- und Gesundheitsschutz beachten.

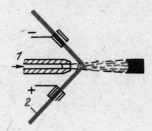

Bild 6.4.5. Aufsprühen von Beschichtungsstoff
1 Druckluft; 2 Beschichtungsstoff

Arbeitsvorgang

Normalflüssiger Beschichtungsstoff wird in Tröpfchenform mit Druckluft auf Werkstück gesprüht. Fließt dort zu geschlossenem Überzug zusammen. Elektrostatische Kräfte zwischen Werkstück und Beschichtungsstoff unterstützen Beschichtungsvorgang. Metallische Beschichtungsstoffe werden durch Wärmezufuhr in Schmelzfluß übergeführt, dann versprüht (Metallspritzen, Flammspritzen). Haftung zwischen Schicht und Werkstück beruht auf Adsorptions-, Diffusions- und chemischen Reaktionsprozessen.
Arbeitsfolge:

1. Reinigen
2. Aufrauhen der Oberfläche,
3. Beschichten,
4. Nachbehandlung der Schicht (mechanisch, chemisch, thermisch).

Schmelzen und Versprühen des Beschichtungsstoffs kann auch durch Explosion eines Brenngas-Sauerstoff-Gemisches erfolgen (Flammplattieren, Explosivbeschichten).

Anwendung	Auftragen von Anstrichstoffen. Schmelzsprühen von Al, Cu, Cr, Ti, W, Ni, Co, Mo und Legierungen; Auftragen hochschmelzender Beschichtungsstoffe, wie Al_2O_3, TiC und WC. Beschichten mit Plasten (Polyäthylen, Polyamid, Epoxidharzen). Verwendung hochmechanisierter und automatisierter Sprüheinrichtungen (Spritzroboter).

6.4.5. Aufstreichen

Arbeitsmittel	Walzen und Pinsel, auch kontinuierlich arbeitende Streicheinrichtungen.
Arbeitsvorgang	Flüssiger Beschichtungsstoff wird durch Kapillarwirkung und Adhäsion an Pinsel oder Walze gehalten und durch Druck auf Werkstück aufgetragen.
Anwendung	Zum Beschichten mit normalflüssigem Beschichtungsstoff, besonders Anstrichstoffen.

Aufwalzen ist wirtschaftlicher als Streichen. Dadurch Automatisierung möglich. Einsatz auch bereits in der Metallurgie. Umformbare Verbundstoffe sind ebenfalls herstellbar.

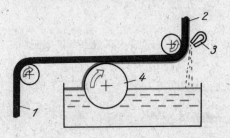

Bild 6.4.6. Aufstreicheinrichtung
1 unbeschichtetes Band; 2 beschichtetes Band; 3 Trockner oder Abstreifer;
4 Auftragwalze

6.4.6. Aufschweißen (Auftragschweißen)

Arbeitsmittel	Wärmequellen zur Erzeugung des Schmelzflusses (Schweißbrenner). Zuführeinrichtungen für Beschichtungsstoff.
Arbeitsvorgang	Beschichtungsstoff und Werkstückstoff an der Oberfläche des Werkstücks werden in Schmelzfluß übergeführt und vereinigt. Werkstückstoff an der Schichtbildung beteiligt.

Arbeitsfolge:

1. Vorbereiten der Oberfläche,
2. naht- oder bahnenweises Beschichten,
3. mechanische Nachbearbeitung der Schicht.

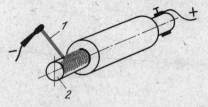

Bild 6.4.7. Aufschweißen
1 Elektrode mit Beschichtungsstoff; 2 zu beschichtender Zapfen

| Anwendung | Aufschweißen von Armierungswerkstoffen auf mechanisch oder thermisch hochbeanspruchte Flächen (Ventilsitze). |

Anwendung   Aufschweißen von Armierungswerkstoffen auf mechanisch oder thermisch hochbeanspruchte Flächen (Ventilsitze).
Regeneration verbrauchter Lagerstellen (Zapfen) und Werkzeuge (Materialökonomie!).

6.5. Beschichten aus dem dampf- oder gasförmigen Zustand des Beschichtungsstoffs

6.5.1. Definition

Beschichtungsstoff liegt unmittelbar vor der Berührung mit Werkstückoberfläche im dampf- oder gasförmigen Zustand vor.

Beschichtungsstoff wird durch Wärmezufuhr in den dampf- oder gasförmigen Zustand übergeführt.
Die energiereichen Beschichtungsstoffatome kondensieren am Werkstück und erzeugen zusammenhängende Schicht.
Unterscheidung einzelner Verfahren erfolgt nach Art des Aufbringens des Beschichtungsstoffs auf das Werkstück.

6.5.2. Aufdampfen

Arbeitsmittel   R e a k t i o n s r a u m mit verdünntem Füllgas oder mit Hochvakuum. H e i z e i n r i c h t u n g e n für den Beschichtungsstoff (elektrischer Strom, Wärme- oder Elektronenstrahlen).

Arbeitsvorgang   Beschichtungsstoff wird im Vakuum durch zugeführte thermische oder elektrische Energie verdampft, kondensiert sofort anschließend auf dem gegenüberliegenden Werkstück. Ablösen der Atome aus dem Gitterverband des festen Beschichtungsstoffs erfolgt durch Katodenzerstäubung oder thermische Verdampfung im Hochvakuum.

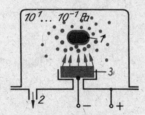

Bild 6.5.1. Aufdampfen durch Katodenzerstäubung
1 Werkstück; 2 Evakuieren;
3 Beschichtungsstoff

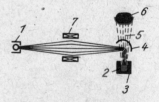

Bild 6.5.2. Elektronenstrahlverdampfung
1 Energiequelle (Elektronenstrahler);
2 Beschichtungsstoff; 3 wassergekühlter
Behälter; 4 Magnetfeld zur Umlenkung des
Elektronenstrahls; 5 gasförmiger Beschichtungsstoff; 6 beschichtetes Werkstück;
7 magnetische Bündelung

Arbeitsfolge:

1. Reinigen des Werkstücks,
2. Aufbringen einer Haftgrundschicht,
3. Beschichten im Vakuum.

Anwendung   Auftragen dünnster Schichten von Silber, Aluminium, Kobalt, Gold, Kupfer, Kadmium, Germanium, Chrom, Nickel, Platin, Selen, Titan, Tantal und von hochwertigen Metallverbindungen auf Metall, Plast, Gewebe, Papier und Glas.

B e i s p i e l e : goldbedampfte Kontakte für die Nachrichtenelektronik; magnesiumchloridbedampfte Gläser mit hohem Reflexionsvermögen; Herstellen von Transistoren und Dioden, von Fotoelektroden und -widerständen; Bauteile von Logikschaltungen und von Speichern für die Rechentechnik; integrierte Schaltkreise der Mikroelektronik.

6.5.3. Abscheiden durch thermische Zersetzung

Arbeitsmittel

V a k u u m g l o c k e , eventuell mit geringer Edelgasfüllung. H e i z s t r o m a n l a g e und - z u f ü h r u n g zur Verdampfungsstelle.

Arbeitsvorgang

Beschichtungsstoff liegt nicht rein vor. Wird durch Reduktion aus seinen Verbindungen gelöst (thermische Zersetzung) und nachfolgend durch Vakuumlichtbogen verdampft und auf Werkstück niederge-schlagen.

Anwendung

Beschichten von Stählen, besonders Chrom-Nickel-Stählen, mit Titan, meist dünnste Schichten. Diffusion des Titans erzeugt harte, ver-schleißfeste, korrosionsbeständige und temperaturbeständige Karbid-schichten.

6.6.   Beschichten aus dem ionisierten Zustand des Beschichtungsstoffs

6.6.1.   Definition

Der Beschichtungsstoff liegt unmittelbar vor Berührung mit Werk-stückoberfläche im ionisierten Zustand vor.

Beschichtungsstoffionen werden durch

- elektrostatische Kräfte,
- elektrische Felder,
- katalytische Wirkung des Werkstücks,
- unedleres Verhalten des Werkstückstoffs gegenüber dem Beschichtungsstoff

auf der Werkstückoberfläche abgeschieden.
Werkstückstoff kann an der Schichtbildung direkt beteiligt sein oder Beschichtungsstoff selbst bilden.
Unterscheidung einzelner Verfahren erfolgt nach Art des Aufbringens des Beschichtungsstoffs.

Beim Umgang mit ionisierten Flüssigkeiten sind die Vorschriften des Gesundheits- und Arbeitsschutzes sorgfältig zu beachten.

6.6.2.   Abscheiden durch Stören des Lösungsgleichgewichts

Arbeitsmittel

G a l v a n i s c h e   B ä d e r   zur Aufnahme wäßriger Lösungen entspre-chender Salze, die Beschichtungsstoff in ionisierter Form enthalten. S p ü l b ä d e r ,   T r o c k e n e i n r i c h t u n g e n ,   E i n h ä n g e v o r r i c h -t u n g e n .

Arbeitsvorgang

Säuregehalt der Lösung ist so abgestimmt, daß Beschichtungsstoff nicht ausfällt (Gleichgewicht). Werkstück wird in Lösung getaucht und von Säure angegriffen. Gleichgewicht wird dadurch gestört; Beschichtungsstoff fällt aus und wird vom Werkstück absorbiert, bildet auf diesem Schicht. Reaktion kommt zum Stillstand, wenn ge-samte Werkstückoberfläche beschichtet ist.

Arbeitsfolge:

1. Reinigen der Werkstückoberfläche (mechanisch, chemisch),
2. Beschichten,
3. Spülen in heißem und kaltem Wasser,
4. Trocknen.

Anwendung

Phosphat- und Chromatschichten auf Eisenwerkstoffen, Aluminium und Aluminiumlegierungen, Zink, Zinn u.a. Metallen mit dem Ziel:

- Verbesserung der dekorativen Wirkung der Oberfläche,
- Korrosionsschutz,
  Haftgrund für nachfolgende Beschichtungsmaßnahmen
  (besonders für Anstrichstoffe),
- Verringerung des Umformwiderstands bei nachfolgenden Umformvorgängen durch Verringerung der Reibung
  (Drahtziehen, Tiefziehen, Strangpressen),
- Verbesserung der Schmiermittelaufnahme
  an Lagerstellen,
- Isolation von Trafo- und Dynamoblechen.

6.6.3. Abscheiden durch chemisches Ladungsändern

Arbeitsmittel

Galvanische Bäder zur Aufnahme der wäßrigen Lösungen mit ionisiertem Beschichtungsstoff. Sprüh- oder Spritzeinrichtungen für Lösungen. Spül- und Neutralisierungsbäder, Trocknungseinrichtungen.

Arbeitsvorgang

Entspricht der Gesetzmäßigkeit, daß edlere Metalle durch unedlere aus ihren Lösungen verdrängt werden (Spannungsreihe der Metalle).
Unedler Werkstoff der Werkstückoberfläche gibt bei Eintauchen in die Lösung positiv geladene Ionen an die Lösung ab, am Werkstück entsteht Elektronenüberschuß. Diese Elektronen entladen die in Lösung befindlichen positiv geladenen Metallionen des edleren Beschichtungsstoffs zu Metallatomen, die sich auf der Werkstückoberfläche absetzen und eine Schicht bilden. Reaktion kommt zum Stillstand, wenn Oberfläche vollständig beschichtet ist. In Lösung Gehen des Werkstückstoffs kann verhindert werden durch mit Werkstück leitend verbundene unedlere Kontaktstoffe, die benötigte Elektronen für Abscheidungsvorgang liefern.

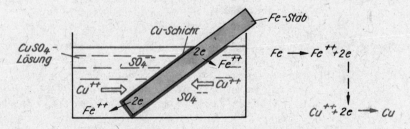

Bild 6.6.1. Stromloses Metallabscheiden durch chemisches Ladungsändern am Beispiel des Verkupferns von Eisen

Anwendung	Zum Beschichten von Metallen mit Nickel, auch Kupfer, Kobalt, Chrom, Gold, Silber, Platin und Legierungen. Für Laborgeräte und chemische Apparate. Kupferschichten zur Herstellung gedruckter Schaltungen. Nickel-Kobalt-Auflagen zur Verbesserung magnetischer Eigenschaften. Kontaktschichten aus Gold für Transistoren. Plaste, Keramik, Glas und einige Metalle lassen sich erst nach Aktivierung der Oberfläche mit Kontaktschichten beschichten. Automatisierung möglich.

6.6.4. Umwandeln durch chemisches Ladungsändern

Arbeitsmittel	Oxydationswannen zur Aufnahme des Wirkmediums. Einhängevorrichtungen, Heizeinrichtungen beim Arbeiten mit heißen Wirkmedien. Dampferzeugeranlagen beim Arbeiten mit Heißdampf. Entfettungs-, Spül-, Imprägnierbäder und Trocknungseinrichtungen zur Vor- und Nachbehandlung des Werkstücks.
Arbeitsvorgang	Durch ein ionisiertes Wirkmedium (wäßrige Lösungen, Schmelzen, Dämpfe) wird die Oberfläche des Werkstücks in eine Oxidschicht verwandelt. Der im Wirkmedium vorliegende Sauerstoff reagiert mit den Werkstückstoffionen nach der vereinfachten Reaktion

$$Me + \frac{1}{2}O_2 \longrightarrow MeO \qquad \text{Me: Metall als Werkstückstoff.}$$

	Reaktion kommt zum Stillstand, wenn die Oxidschicht das gesamte Werkstück umschließt — Wirkmedium kommt nicht mehr mit Werkstückstoffionen in Berührung.
Anwendung	Beschichten von Stählen, Kupfer, Zinn, Silber sowie Aluminium und Magnesium und deren Legierungen. Dichte und dünnste Oxidschichten (10^{-3} mm). Oft in Verbindung mit anderen Schichten zum Zweck des Korrosionsschutzes, zur Verbesserung der Verschleißfestigkeit. Durch Zusatz von Färbemitteln Verbesserung der dekorativen Wirkung (Brünieren — Schwärzen von Eisenteilen).

6.6.5. Elektrolytisches Abscheiden

Arbeitsmittel	Gleichstrom-Niederspannungsgeneratoren oder Gleichrichter zur Erzeugung des Arbeitsstroms (Spannung bis 40 V, Stromstärken einige tausend Ampere). Galvanische Bäder mit Kühl- und Erwärmungseinrichtungen. Einhängevorrichtungen und Beweger für die Werkstücke.
Arbeitsvorgang	Das flüssige Wirkmedium enthält den Beschichtungsstoff als Ionen seiner gelösten Salze. Über zwei Elektroden wird durch das leitende Wirkmedium ein Gleichstrom geleitet. Unter Einfluß des elektrischen Feldes gelangen die positiv geladenen Beschichtungsstoffionen an das Werkstück, das als Katode geschaltet ist, lagern sich dort ab und bilden Überzugsschicht. Beschichtungsstoff kann durch lösliche Anode aus diesem Stoff nachgeliefert werden. Es laufen folgende vereinfachte Reaktionen ab:

Auflösung des Beschichtungsstoffs Me_2

$$Me_2' \longrightarrow Me_2^{z+} + z \cdot e^-;$$

Abscheiden des Beschichtungsstoffs an der Katode

$$Me_2^{z+} + z \cdot e^- \longrightarrow Me_2.$$

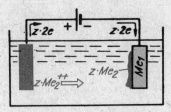

Bild 6.6.2. Elektrolytisches Abscheiden
z Anzahl der Ladungsträger (Metallionen,
Elektronen); Me_1 Werkstückstoff;
Me_2 Beschichtungsstoff; e Elektron

Anwendung

Elektrolytisch abgeschiedene Metallschichten zur Verbesserung des Korrosionsschutzes, Verminderung des Gleitwiderstands, Verbesserung der dekorativen Wirkung.
Beschichtungsstoffe sind Nickel, Kupfer, Chrom, Zink, Kadmium, Zinn, Blei, aber auch Gold, Silber, Rhodium, Kobalt und Legierungen.
B e i s p i e l e : Nickelüberzüge für Druckplatten und Schallplattenmatrizen, für Fahrzeugteile und medizinische Instrumente. Hartverchromen zur Verbesserung des Verschleißverhaltens und zum Regenerieren von Lehren, Lagern und Zapfen. Kupfer-, Zink- und Kadmiumschichten zur Verbesserung der Lötfähigkeit in der Elektrotechnik und zum Korrosionsschutz. Edelmetallschichten in der Schmuck-, Besteck- und Elektroindustrie.
Gedruckte Schaltungen der Elektronik, Speicherschichten bei elektronischen Bauelementen.
Abscheiden unedlerer Metalle auf edleren Metallen möglich. Durch günstige Möglichkeiten zur Beeinflussung der Schichtdicke und durch Möglichkeit der Automatisierung gute Wirtschaftlichkeit.

6.6.6. Elektrolytisches Umwandeln

Arbeitsmittel

Arbeitsmittel entsprechen denen beim elektrolytischen Abscheiden. Arbeit mit Wechselstrom möglich.

Arbeitsvorgang

Oberfläche des als Anode gepolten Werkstücks wandelt sich unter Einfluß eines elektrischen Gleich- oder Wechselstroms und eines wäßrigen, ionisierten Wirkmediums (Schwefelsäure, Chromsäure, Oxalsäure) in eine Oxidschicht um. Werkstoff wird an der Oberfläche zunächst zum Hydroxid. Dadurch vergrößert sich der elektrische Widerstand; das ruft eine Erwärmung hervor. Diese Wärmemenge bewirkt Dehydratisierung des Hydroxids zum Oxid.
Arbeitsfolge:

1. Reinigen der Werkstückoberfläche zum Beschichten,
2. Beschichten,
3. Spülen in fließendem kaltem Wasser,
4. Neutralisieren,
5. Spülen,

6. eventuell Zusatz von Färbemitteln,
7. Nachverdichten (Tauchen in kochendes Wasser oder Dampf; Poren schließen sich; Farbstoff wird in der Oxidschicht fixiert),
8. Spülen,
9. Trocknen.

Anwendung   Zum Beschichten von Aluminium und dessen Legierungen (anodisch oxydiertes Aluminium = Anoxal), auch für Magnesium und dessen Legierungen sowie Titan.
B e i s p i e l e : Beschichten von Fahrzeugteilen, Fenster- und Türrahmen, Fassadenplatten aus Leichtmetall; Verbesserung des Korrosionsschutzes, der mechanischen Eigenschaften und − durch vielfältige Färbemittel − der dekorativen Wirkung.

Weiterführende Literatur

Schaller: Beschichtungslehre. Bd. 2. Berlin: VEB Verlag für Bauwesen.

Schönburg: Anstrichstoffe. Berlin: Verlag für Bauwesen.

Schünburg/Stahr: Korrosions- und Säureschutzarbeiten. Berlin: Verlag für Bauwesen.

Autorenkollektiv: Handbuch der Galvanotechnik. Leipzig: Deutscher Verlag für Grundstoffindustrie.

Wosnizok: Werkstoffe − kurz und übersichtlich. Leipzig: Deutscher Verlag für Grundstoffindustrie.

Autorenkollektiv: Plastwerkstoffe. Leipzig: Deutscher Verlag für Grundstoffindustrie.

Schräder: Kleiner Wissensspeicher Plaste. Leipzig: Deutscher Verlag für Grundstoffindustrie.

ERGÄNZUNGEN

Leitwörter	Bemerkungen

7. Stoffeigenschaftändern

7.1. Definition

Stoffeigenschaften eines festen Körpers werden durch Umlagern, Aussondern oder Einbringen von Stoffteilchen geändert.

Werkstückform soll erhalten bleiben. Auftretende Formänderungen sind unbeabsichtigt und gehören nicht zum Wesen des Verfahrens. Hauptbedeutung haben die Wärmebehandlungsverfahren der Eisen- und Nichteisenmetalle. Stoffeigenschaftänderung auch durch örtliche Umformung, wie Kaltwalzen und Hämmern, möglich.

7.2. Einteilung

nach Fertigungs- gruppen

Die Fertigungshauptgruppe Stoffeigenschaftändern umfaßt drei Fertigungsgruppen. Unterteilung erfolgt nach den Ursachen für die Stoffeigenschaftsänderung

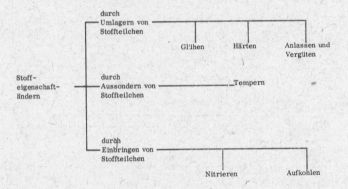

nach Zweck

Verbesserung der mechanischen Eigenschaften — wie Zähigkeit, Härte, Verschleißfestigkeit, Dauerfestigkeit —, der physikalischen Eigenschaften — wie Magneteigenschaften — und der chemischen Eigenschaften.

- Verbesserung der spanenden und umformenden Bearbeitbarkeit der Werkstücke,
- Erhöhung der Standzeit von Werkzeugen,
- Beseitigung von Inhomogenitäten im Gefügeaufbau,
- Abbau von Spannungen als Folge von Fertigungsprozessen.

7.3. Stoffeigenschaftändern durch Umlagern von Stoffteilchen

7.3.1. Definition

Durch mechanische oder thermische Vorgänge werden in festen Körpern Stoffteilchen umgelagert. Eigenschaften des festen Körpers verändern sich dadurch.

Bei gesteuerter Erwärmung des festen Körpers oder durch örtliche Umformung verändert sich die Gefügestruktur. Die Löslichkeit des Gefüges oder des Kristallgitters für eingelagerte Stoffteilchen wird beeinflußt, so daß sich diese umlagern. Durch spezielle Arten der Abkühlung kann diese Umlagerung aufgehoben, beibehalten oder auch eine nochmalige Umlagerung vorgenommen werden.
Mechanische Veränderung der Gefügestruktur (Deformation) bei Umformung als Verfestigung (Kalt- oder Warmverfestigung) des Werkstoffs spürbar. Meist unerwünschte Eigenschaftänderung während des Umformvorgangs. Zunahme des Umformwiderstands. Nur selten zur direkten Erzielung spezieller Stoffeigenschaften angewendet. Unterscheidung einzelner Verfahren erfolgt nach dem Ziel und dem Vorgang der Umlagerung.

7.3.2. Glühen

Arbeitsmittel

Kammeröfen, Plattenöfen, Muffelöfen, Salzbadöfen mit Öl-, Gas- oder elektrischer Heizung. Meß-, Steuerungs- und Regelungsanlagen zur Temperaturüberwachung (Bild 7.3.1).

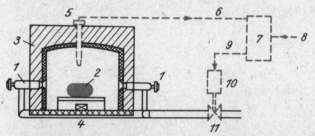

Bild 7.3.1. Kammerofen mit automatischer Temperaturregelung
1 Brenner; 2 Werkstück; 3 Ofen; 4 Abzug; 5 Thermoelement; 6 Isttemperatursignal;
7 Regler; 8 Solltemperatursignal; 9 Stellsignal; 10 Stellantrieb; 11 Ventil; rot gestrichelt: Regeleinrichtung

Arbeitsvorgang

Werkstück wird auf erforderliche Temperatur erwärmt, auf dieser Temperatur eine bestimmte Zeit gehalten, nachfolgend langsam abgekühlt (Bild 7.3.2). Lange Glühzeiten und hohe Glühtemperaturen erzeugen grobe Gefüge, sind unwirtschaftlich und daher zu vermeiden.

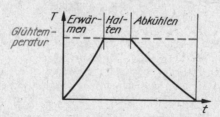

Bild 7.3.2. Zeit-Temperatur-Verlauf beim Glühen (schematisch)

| Anwendung | Je nach Glühtemperatur, Glühdauer, Art der Abkühlung erzielt man unterschiedliche Eigenschaften. |

Anwendung

Je nach Glühtemperatur, Glühdauer, Art der Abkühlung erzielt man unterschiedliche Eigenschaften.

Spannungs-freiglühen

Ausgleichen mechanischer oder thermischer Spannungen aus Kalt-umformungen oder ungleichmäßiger Abkühlung nach Wärmebehand-lung, Warmumformung oder Fügen. Erhöhung der Dehnbarkeit in-folge Erwärmung und nachfolgender langsamer Abkühlung.

Rekristallisations-glühen

Beseitigung des bei starker Kaltumformung entstehenden Verfor-mungsgefüges mit starker Deformation der Kristalle durch Erwär-mung und nachfolgende langsame Abkühlung.

Weichglühen

Beseitigung von beim Schmieden oder Gießen durch ungleichmäßige Abkühlung entstandenen harten Gefügestellen am Werkstück und Bil-dung eines homogenen weichen Gefüges für nachfolgende spanende Bearbeitung durch entsprechende Erwärmung und Abkühlung.

Normalglühen

Beseitigung eines grobkörnigen Gefüges als Folge des Warmformens, Gießens oder Schweißens durch Erwärmung und entsprechende Ab-kühlung. Erhöhung von Festigkeit und Zähigkeit.
Die Glühtemperaturen und Glühzeiten sind abhängig vom Werkstück-stoff und von den Maßen des Werkstücks. Hauptanwendung der Glüh-verfahren liegt in der Eigenschaftveränderung unlegierter Stähle.

Beispiele für Glühtemperaturen unlegierter Stähle

Glühart	Glühtemperatur
Spannungsfreiglühen	450 $\cdots$ 650 $^{\circ}$C
Rekristallisationsglühen	650 $\cdots$ 750 $^{\circ}$C
Weichglühen	um 723 $^{\circ}$C
Normalglühen	um und über 723 $^{\circ}$C (abhängig vom C-Gehalt)

7.3.3. Härten

Arbeitsmittel

E r w ä r m u n g s e i n r i c h t u n g e n wie beim Glühen, ferner I n d u k t i o n s ö f e n oder G e r ä t e z u r i n d u k t i v e n E r w ä r -m u n g, verschiedene B r e n n e r. A b s c h r e c k a n l a g e n, A b -s c h r e c k b e h ä l t e r mit Abschreckmittel (Wasser oder Öl mit und ohne Zusätze) und K ü h l e i n r i c h t u n g, auch A b s c h r e c k -b r a u s e n.

Arbeitsvorgang

Erwärmen des Werkstoffs (Stahl) führt zu höherer Löslichkeit des Gefüges für eingelagerte Stoffteilchen (Kohlenstoff). Diese lagern sich um. Durch rasche Abkühlung (Abschrecken) wird Löslichkeit schlagartig verringert, ohne daß Stoffteilchen die neuen Plätze wie-der verlassen können (Bild 7.3.3.). Das neue, verspannte Gefüge macht das Werkstück hart und spröde.

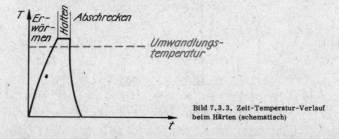

Bild 7.3.3. Zeit-Temperatur-Verlauf beim Härten (schematisch)

Voraussetzungen für das Härten sind

- Härtbarkeit des Werkstoffs,
- richtige Erwärmungstemperatur,
- zweckentsprechende Abkühlung.

Normalhärtung

Härteeffekt durchgängig im ganzen Werkstück. Nur bei dünnwandigen Werkstücken erreichbar.

Oberflächenhärtung

Für kernzähe und oberflächenharte Werkstücke Härtung nur an der Oberfläche. Erwärmung der Oberfläche durch Brenner, elektroinduktiv oder durch Laserstrahl mit nachfolgendem Abschrecken mittels Brause. Als Vorschub-, Stand- oder Umlaufhärtung und in Kombinationen.

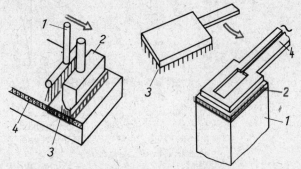

Bild 7.3.4. Vorschubhärtung mit Brenner
1 Brause; 2 Brenner; 3 erhitzte Schicht;
4 gehärtete Schicht

Bild 7.3.5. Standhärtung mit induktiver
Erwärmung
1 Werkstück; 2 erhitzte Schicht; 3 Abschreck-
brause; 4 Induktionswärmequelle

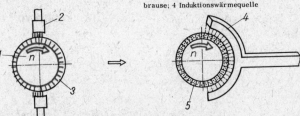

Bild 7.3.6. Umlaufhärtung mit Brenner
1 Werkstück; 2 Brenner; 3 erhitzte Schicht; 4 Brause; 5 gehärtete Schicht

Anwendung

Zur Erhöhung der Härte und der Verschleißfestigkeit von Werkstücken meist nach der mechanischen Bearbeitung. Zur Verbesserung der Schneideigenschaften spanender Werkzeuge. Verbesserung und Erzielung magnetischer Eigenschaften.
Beispiele: Werkzeugschneiden spanender Werkzeuge; Oberflächen von Umformwerkzeugen; Laufflächen von Zapfen; Wälzflächen von Zahnrädern und Kurvenscheiben; Gleitflächen und Führungsbahnen; Meß- und Prüfgeräte.

7.3.4. Anlassen und Vergüten

Arbeitsmittel

Erwärmungseinrichtungen wie beim Glühen.

Arbeitsvorgang

Werkstück wird nach dem Härten erneut erwärmt.
Anlassen. Erwärmung auf entsprechende Anlaßtemperatur und rasche Abkühlung. Stoffteilchen können sich durch die höhere Beweg-

lichkeit bei Erwärmung in begrenzter Menge umlagern. Dadurch wird Abschreckhärte gemindert (Bild 7.3.7).
V e r g ü t e n . Erwärmung auf Temperatur, die über denen beim Anlassen liegen. Abkühlung erfolgt normal an ruhender Luft. Die durch die Erwärmung herbeigeführte Beweglichkeit der Stoffteilchen führt zu ihrer Umlagerung. Es kommt zum fast vollständigen Abbau der Härte, aber zur Erhöhung von Festigkeit und Zähigkeit (Bild 7.3.8).

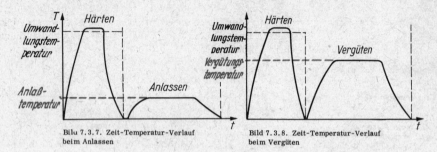

Bilu 7.3.7. Zeit-Temperatur-Verlauf beim Anlassen

Bild 7.3.8. Zeit-Temperatur-Verlauf beim Vergüten

Anwendung

A n l a s s e n : Beseitigung der Glashärte und Sprödigkeit von gehärteten Werkstücken; Einstellung verschiedener Härtestufen, besonders für Werkzeuge aller Art.
V e r g ü t e n : für hochbeanspruchte Werkstücke zur Verbesserung der Zähigkeit und Festigkeit durch gleichmäßige feinkörnige Gefüge.

7.4. Stoffeigenschaftändern durch Aussondern von Stoffteilchen

7.4.1. Definition

Eigenschaften fester Körper werden durch Aussondern von Stoffteilchen aus diesen Körpern auf chemischem oder thermischem Weg geändert.

Durch zweckentsprechende Wärmebehandlung oder chemische Beeinflussung erhalten die im Werkstoff befindlichen Stoffteilchen höhere Beweglichkeit und wandern bzw. diffundieren an dessen Randzonen oder aus ihm heraus.

7.4.2. Tempern

Arbeitsmittel

E r w ä r m u n g s e i n r i c h t u n g e n wie beim Glühen.
O x y d a t i o n s m i t t e l oder Einrichtungen zur Beeinflussung der Ofenatmosphäre.

Arbeitsvorgang

Werkstück wird in oxydierender Ofenatmosphäre geglüht. Auch oxydierende Umhüllung möglich. Im Werkstoff befindliche Stoffteilchen werden oxydiert und diffundieren nach außen. Je nach Glühdauer schreitet das Aussondern der Stoffteilchen weiter in das Werkstückinnere vor.

Anwendung

Entkohlen von Gußeisen; Herstellen von Temperguß mit hoher Zähigkeit, guter Korrosionsbeständigkeit.
B e i s p i e l e : Getriebegehäuse und Kupplungsteile im Kraftfahrzeug- und Landmaschinenbau; Beschlagteile, Hebel, Naben, Muffen; Schraubenschlüssel für den allgemeinen Maschinenbau und die chemische Industrie.

7.5. Stoffeigenschaftändern durch Einbringen von Stoffteilchen

7.5.1. Definition

Eigenschaften fester Körper werden durch Einbringen von Stoffteilchen in diese Körper verändert. Körper bleibt während des Einbringens im festen Zustand.

Werkstück wird erwärmt und mit dem Stoff in Verbindung gebracht, der eingebracht werden soll. Kleinste Stoffteilchen diffundieren in das Werkstück.
Unterscheidung einzelner Verfahren erfolgt nach der Stoffart, die in den Körper eingebracht wird.

7.5.2. Nitrieren

Arbeitsmittel

Erwärmungseinrichtungen, wie Öfen und Bäder, mit stickstoffabgebender Atmosphäre oder Badfüllung.

Arbeitsvorgang

Badnitrieren

Werkstück wird in erhitzte zyanhaltige Salzbäder eingetaucht, gehalten und normal abgekühlt.

Nitriervorgang läuft in zwei Stufen ab:

1. Zerlegen des Ammoniaks im Bad bei Temperaturen über 450 °C
   $$2\,NH_3 \longrightarrow 3\,H_2 + 2\,N;$$
2. Diffusion des atomaren Stickstoffs in die Werkstückoberfläche und in das Innere.

Gasnitrieren

Werkstück wird in stickstoffhaltiger oder stickstoffangereicherter Atmosphäre geglüht. Abkühlung erfolgt ebenfalls im Ofen.

Anwendung

Erhöhung der Standzeiten für Werkzeuge der Trenn- und Umformtechnik. Verbesserung der Verschleißeigenschaften von Stählen und Gußeisen ohne Gefügeumwandlung. Oberflächenhärtung von Werkstücken, Meß- und Prüfzeugen. Verzugsfreie Härtung von Lehren und Kalibern.

7.5.3. Aufkohlen

Arbeitsmittel

Erwärmungsanlagen wie beim Glühen und Härten. Einsatzkästen mit kohlenstoffabgebenden Stoffen; Bäder mit kohlenstoffabgebenden Salzschmelzen; kohlenstoffabgebende Ofenatmosphäre.

Arbeitsvorgang

Werkstück wird in kohlenstoffabgebender Salzschmelze, Umhüllung oder Atmosphäre erwärmt. Temperaturen werden so gewählt, daß

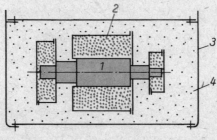

Bild 7.5.1. Werkstück im Einsatzkasten
1 Werkstück (geringer C-Gehalt);
2 Einsatzmittel; 3 Einsatzkasten;
4 Sandfüllung

Einsatzmittel Kohlenstoff abgibt. Kohlenstoff diffundiert in die Werkstückoberfläche. Temperatur und Einwirkungszeit bestimmen Eindringtiefe.
Gebräuchliche Einsatztiefen bis 2,5 mm.

Aufkohlungsvorgang

1. Zerlegen des Einsatzmittels (Beispiel: 40% Bariumkarbonat + 60% Holzkohlepulver)

$$BaCO_3 \longrightarrow BaO + CO_2$$
$$CO_2 + C \longrightarrow 2\ CO;$$

2. Reaktion des Kohlenstoffs im CO mit dem Werkstückstoff

$$3\ Fe + 2\ CO \longrightarrow Fe_3C + CO_2.$$

Anwendung

Aufkohlen kohlenstoffarmer Stähle (Einsatzstähle) zur Erzielung ihrer Härtbarkeit. Da Aufkohlung nur in den Randzonen erfolgt, ergibt nachfolgende Härtung harte, verschleißfeste Oberflächen bei weichen Kernen. Verwendung bei Stählen mit geringem Verschleißwiderstand und geringer Festigkeit zur Umformung mit nachfolgender Aufkohlung und Härtung. Zur Verbesserung der Wechselbeanspruchbarkeit der Werkstoffe für Biegung und Torsion. Kombination verschiedener Einsatzstoffe möglich – Karbonitrieren.

Weiterführende Literatur

Mainka: Härtereitechnisches Fachwissen. Leipzig: Deutscher Verlag für Grundstoffindustrie.

Wosnizok: Werkstoffe – kurz und übersichtlich. Leipzig: Deutscher Verlag für Grundstoffindustrie.

Pusch/Krempe: Technische Stoffe. Leipzig: Deutscher Verlag für Grundstoffindustrie.

ERGÄNZUNGEN

Leitwörter	Bemerkungen

ERGÄNZUNGEN

Leitwörter	Bemerkungen

ERGÄNZUNGEN

Leitwörter	Bemerkungen

Sachwörterverzeichnis